預約**實用知識**，延伸**出版價值**

預約實用知識，延伸出版價值

How to Wash a Chicken:
Mastering the Business
Presentation

如何幫雞洗澡

提姆·寇金茲 ——— 著
Tim Calkins

溫力秦 ——— 譯

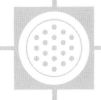

目錄

各界讚譽

「把複雜的情況化繁為簡成淺顯易懂的故事需要投入很大的心血，但只要讀過提姆·寇金茲這本簡報教戰手冊，就能對這個艱辛的過程應付自如。當今任何成功的商業界領導人都該擁有這本傑作。提姆用簡單且中肯的訣竅取代亂槍打鳥的做法，讓商務簡報發揮效果、充滿活力並抓住觀眾的注意力。」

——莎莉·葛林斯（Sally Grimes）／泰森食品公司（Tyson Foods）集團總裁

「寇金茲點出了打造高效簡報需要一套程序和架構，而做出高效簡報又是讓你的構想進一步實現並加速職涯發展的機會。如果你的工作關係到推銷或說服他人，只要掌握本書的訣竅，定可讓你事半功倍。」

——塞爾吉奧·佩雷拉（Sergio Pereira）／辦公用品零售商 Quill.com 總裁

「對前程似錦的主管來說，最應該學起來的重要技巧就是做簡報。至於如何全面精進這項技巧，在提姆的新書裡可以看到效果強大又實用的建言。」

——提姆・西蒙德（Tim Simonds）／寵物護理公司 Merrick Pet Care 總裁

「業務上的每一個重大決定背後，都是某個構想經過有效溝通之後的結果。提姆・寇金茲的新書針對如何準備及發表簡報提供實用的方針，等機會一來，這些準備就能派上用場，發揮奇效。不管你是簡報新手還是業務老手，推薦必讀。」

——凱莉・庫蘭德（Carrie Kurlander）／福來雞（Chick-fil-A）公關部副理

「提姆・寇金茲是凱洛格管理學院名聞遐邇、最厲害的講者和說故事人之一。他在這本新著作裡分享了把簡報變得更有效果的祕訣。他的祕訣簡單又好記，即便你自認是簡報專家也會覺得十分受用。」

—— 米格爾・帕特利希歐（Miguel Patricio） ／海斯 - 布希英博集團（Anheuser-Busch InBev）全球行銷長

「很少人能像寇金茲教授這樣抓住觀眾的心，讀著他筆下這一章又一章的文字，感覺好像回到凱洛格的課堂上，聽他生動又充滿啟發的講課。這本強大的工具書可助你一臂之力，無論在公私領域，都能讓你做好準備，發表令人讚嘆的簡報。」

——勞倫斯・金（Lawrence Kim）／塔可鐘速食（Taco Bell）副總裁兼運籌長

「誠如提姆以堅定的語氣所解釋過的，切題又引人入勝的簡報其實就是在『講者要說的內容』和『該怎麼說』之間取得了完美平衡。循著提姆務實的途徑，就能做好更充足的準備，『成功達陣』！」

──理查・萊尼（Richard H. Lenny）／巧克力製造商好時（The Hershey Company）前董事長兼執行長、市場研究公司 Information Resources, Inc. 非執行董事

「本書提出一套周延的指導原則，幫助講者成功駕馭商務簡報，強力推薦給商業界想要精進簡報能力、提升個人品牌的專業人士。」

──馬克・強森（Mark Johnson）／納威司達控股公司（Navistar Corporation）副總裁

「企業領導人若想施展影響力，就必須把簡報做好。本書暢談如何設計和發表強大的商務簡報，是我讀過最棒的一本書。」

──約翰・安東（John Anton）／運動服裝公司 Badger Sportswear 執行長

「如果講者實踐過寇金茲教授在書中所介紹的概念與方法，人生一定會過得愜意許多。這是一本讀來享受、重點又清晰的好書，不會讓你後悔。你的商務簡報能力會更上一層樓。」

──比喬文・英吉・歐拉森（Björgvin Ingi Ólafsson）／冰島勤業管顧（Deloitte Consulting Iceland）合夥人

「我在 27 年的顧問生涯當中發表過 2,000 場多場的簡報，要是剛踏入這行的時候有人拿這本書給我參考就好了！這本書已經被

我列為公司全體顧問必讀的指南書，我也把這本書送給不少客戶參考。」

——費南多・艾森斯（Fernando Assens）／顧問公司 Argo Consulting 創辦人兼執行長

「本書打造了一條睿智又務實的策略性途徑，助講者建立自信，成為說服力十足的關鍵角色。」

——史考特・大衛斯（Scott M.Davis）／市場諮詢機構 Prophet 運籌長

「提姆・寇金茲確實掌握到成功發表簡報的要訣。」

——克雷格・渥特曼（Craig Wortmann）／西北大學凱洛格管理學院創新暨創業臨床教授、Sales Engine Inc. 執行長

「《如何幫雞洗澡》是企業界和學術界人士都應該一讀的好書。如果你不是很有自信的講者（說實話，誰敢說自己真的很有自信呢），那麼每讀完一章之後，你的自信心會逐步提升，你的職涯發展也會愈來愈順利。」

——史都華・包姆（Stuart Baum）／LargerPond Marketing 總裁暨創辦人

「提姆的建言很受用，他用說故事的方式循循善誘，使本書讀來趣味無窮。我誠摯推薦給同事和客戶。」

——傑夫・高吉（Jeff Gourdji）／市場諮詢機構 Prophet 合夥人兼醫療保健業務負責人

「提姆‧寇金茲生動探討了簡報的技藝和科學，將商業界最具挑戰性的層面變得容易上手。專業人士用了他的方法便可凝聚共識，推展他們所提出的建議。」
──卡爾‧吉拉赫（Carl Gerlach）／優格品牌 Maple Hill Creamery 總裁兼執行長

「就商業界來講，你在資深領導人面前的表現有時候就是比幕後成就要來得重要，對你的職業生涯也有更重大的影響。本書把簡報的成功之道化約為簡單又關鍵的步驟，十分出色。」
──艾瑞克‧艾普斯坦（Eric Epstein）／瑪氏食品（Mars Wrigley Confectionery）行銷主任

「提姆‧寇金茲是一位非凡的簡報專家，讀了這本書你就知道！」
──保羅‧曼寧（Paul Manning）／ Sensient Technologies Corporation 執行長

「拜讀提姆的著作之後可以清楚看到，人人都能成為傑出的簡報講者。傑出的講者並非天生，而是透過不斷的努力和練習養成的！只要運用書中的訣竅一定可以讓你的簡報技巧扶搖直上，你的訊息一定可以打中觀眾的心。」
──丹恩‧傑費（Dan Jaffee）／ Oil-Dri Corporation 總裁兼執行長

「本書可以說是簡報界的《英文寫作聖經》（*The Elements of Style*）。提姆是大師級簡報專家，這本書勾勒出強大簡報的面貌，

是我心目中最精采又精簡的好書。」
——布萊肯・戴洛（Bracken Darrell）／羅技（Logitech）總裁兼執行長

「我向提姆・寇金茲學到各種商業界說故事的技巧和做出厲害簡報的訣竅……提姆的新書讀來輕快、有趣又引人入勝。」
——基爾斯頓・林區（Kirsten Lynch）／休閒度假中心 Vail Resorts 行銷長

「幫雞洗澡不如想像中容易，但只要讀過提姆的這本著作，自信又有目標地做簡報就不再是難事。我強力推薦。」
——麥特・林奈爾（Mat Lignel）／ Laughlin Constable 總裁兼執行長

「這本書清晰、實用又全面，切中市場需求，無論是新手、老經驗還是想精進自己的講者，都值得一讀，大家都該入手一本！」
——吉姆・雷辛斯基（Jim Lecinski）／西北大學行銷副教授、Google 銷售暨服務副總裁

推薦序

正本清源！商務簡報最佳學習典範
——雨狗 RainDog ／簡報奉行創辦人

　　身為一名致力於讓臺灣與美日歐中最新簡報思潮同步的簡報教練，2018 年 9 月《如何幫雞洗澡》英文原版書推出的三天後，我就向學員導讀了書中的內容精華，並評價這本書是目前商務簡報類書籍的最佳首選。

　　如今，有幸比國人搶先一步看到寶鼎出版引渡的繁體中文版書稿內容，透過溫力秦老師詳實的翻譯，讓我又重溫了當初閱讀這本書的興奮之情。

　　簡報，其實是一個集合名詞。如果以功能目的來區分，可以分為報告、講解、提案和演說這四大領域。四大領域各有其不同的專業意理，而共通之處在於底層結構都建築在權力的關係之上。

　　絕大部分商務人士需要學習的簡報技能，是其中的報告與提案；但有些簡報書籍與課程，因為作者與教課者本身是講師，所以由自身經驗出發，把重點放在講解類的簡報之上；還有更多的職業簡報工作者，對於簡報的基本認知，就是「簡報 = 公開演講 + 投影

片」，所以聚焦於演說類的簡報。

簡報權 ≠ 話語權

　　《如何幫雞洗澡》之所以被我和亞馬遜（Amazon）上一群歐美的專業讀者評論，推舉為最佳的商務簡報書，關鍵就在於作者提姆‧寇金茲把商務簡報和目前簡報主流學習典範的 TED 演講，或是蘋果公司創辦人賈伯斯產品發表會風格的呈現，做了清楚明確的區隔。

　　在一般商務簡報的報告或提案場景中，簡報者雖然看似現場的主角，但是發言卻很可能隨時被比他／她有權力的人打斷，這個人可以是老闆、長官、前輩、客戶，甚至職場位階平級的其他部門同事。這跟講解或是演說類型的簡報，主講者在身分地位上往往比觀眾較高有本質上的差別。因此在《如何幫雞洗澡》中，真正在實際職場環境中浸泡過的作者，就在這樣一個立足點上，帶領著你我從如何擬定戰略開始，一步步走到了上場實際作戰，貼身提點你有哪些事項值得注意。

　　此外，我個人最喜歡的是第 18 章，由於作者本身也任教於美國西北大學凱洛格管理學院，這間全球公認最好的商學院之一，並提出了五項值得關注的學術研究。透過理論來領導簡報實務，我們也可以藉由實務驗證理論。這些資訊和其他個人經驗常談的簡報書籍相比，更顯其珍貴。

　　最後，這本基於美國職場體驗所寫的商務簡報，與我在台灣

職場廿餘年，不論是外商企業或本土公司的實際簡報經驗交相參照，並沒有跨文化的衝突或扞格之處。隨著繁體中文版的問世，我相信：《如何幫雞洗澡》也將成為臺灣商務簡報的最佳學習典範。

推薦序

你學的是簡報的裝飾,還是本質?

——林長揚/企業內訓培訓師、暢銷作家

你有沒有想過簡報的本質是什麼?

簡報最常見的迷思,就是把「簡報技巧」跟「投影片製作」混為一談。這導致大多數人在學簡報時,只想要做出好看的投影片,我以前也是如此。

剛開始學習簡報時,我找了圖庫、模仿了許多設計案例,做了自認為很炫的投影片。雖然實際上臺反應不錯,但開心了一陣子後,我卻覺得哪裡怪怪的:「大家怎麼只對投影片有印象,那簡報內容呢?」

正當煩惱時,我遇到了扁平化設計,大大改變了我對簡報的看法。

很多人覺得扁平化就是放 icon,但這只是其中一種表現形式,就如同投影片只是簡報的一環。深入了解後,我體悟到扁平化就是:「去除裝飾,展現本質」,把裝飾性的、複雜的東西通通去除,如實傳達想傳達的內容,才是真正的扁平化。

了解這個道理後,我開始探尋各種事物的本質,我發現簡報的

本質就是：人。

很多人覺得簡報要像一場秀：要有很炫的投影片，用音樂帶氣氛，並加上豐富的表情、高低起伏的聲音，要秀出道具，要安排驚奇的橋段等等。這些細節做得好，我相信會有好效果，但是在商業簡報當中，這些都是 nice to have。簡報有沒有把人考慮進去，才是重點！如果沒有把人的問題處理，上述細節都只是裝飾，因為商業簡報最重要的本質是：你對人的了解有多少？

首先要了解自己：你對內容的熟悉度有多少、目標是什麼、是否全盤了解每個數據等等，這些問題都算好掌控，很多人也做得到，但很多人會疏忽的是：了解觀眾。

對於觀眾，我們必須思考：你有沒有做到預先推銷，也就是實際上場前先訪問大家的意見，把內容改得更好？你知道觀眾喜歡什麼簡報形式嗎，人多人少，節奏快慢？能決定這場簡報結果的人是誰？他們會想問你什麼？把這些跟人有關的問題處理好，投影片、音樂之類的細節才能為你加分。

有些人說：「擁有好的簡報技巧，就能如虎添翼。」

我同意這句話，但這也要你本身是虎才成立。把「人」放進簡報裡，就是你成為猛虎的關鍵。這本《如何幫雞洗澡》不談太多裝飾性的內容，講了許多對人的洞察，是目前難得一見的簡報書，如果你想如虎添翼，這本書是必備。

最後，請你捫心自問：關於簡報，你學的是裝飾，還是本質？

期許我們在未來的日子，都能走在探索簡報本質的大道上。

推薦序

從實務經驗出發，
補足商業簡報須關注的職場細節
—— 孫治華／簡報實驗室創辦人

　　我在企業內訓的時候常常說：「簡報本身沒有什麼價值，簡報是因為你的專業能力、策略思考、向上溝通與跨部門溝通能力有了，做出有意義的進展了，簡報只是放上你一部分的進展，所以簡報才有了價值。」

▷好的簡報從來不是在辦公桌前完成的

　　所以要是你看過很多簡報至上的書，那也許可以看看這本書，因為作者除了一些理論與技巧上的說明之外，其實描述了很多他過去在職場中的經歷，會告訴你一些「不是簡報解」的眉眉角角，就像是書中第三章「需要支援的時候」一節，對於跨部門會議的進行就有很務實的分享，你可以從中看到在工作中你的視野將被提高到如何協調與各部門的溝通、彼此的利益衝突，而不僅止於單一部門，坐在辦公桌前做簡報。

　　真正聰明的人，運作跨部門會議應該是在會前會達成共識，在

正式會議中達成共識。

▷補完理論上疏漏的職場細節

　　我也很喜歡這本書關於如何「設定目標」的描述。簡報從來都不是從自己出發，很多書都跟我們說要懂得設定目標，但是這本書點出，當目標早就在決策者的腦中時又該怎麼辦？還有我們是用簡報的角度看會議的進行，還是從會議的角度來規劃簡報？你有思考與會者的腦力與注意力的資源分配嗎？

　　階段性的決策、不同角色的目的、不同的決策流程會造成什麼樣的情勢，你有預想嗎？這些不存於簡報中卻該在腦中考量過的細節，才是一場會議的決勝點。

▷值得在簡報上遭逢困難的讀者閱讀

　　而跳脫剛剛提到的職場環境，回到簡報製作的環節，這本書也有一些關鍵的經驗分享，像是「必要性檢視」這一張投影片是非說不可的嗎？流暢報告的關鍵不只是熟悉每一張投影片，更要想清楚投影片與投影片之間的轉場邏輯，甚至用字遣詞的細節也都在書中的第八章有所說明，這也是少數提及商業簡報要準備問答集的書籍。

　　看完這本書，讓我想起自己在擔任企業內訓課程講師時，看到一位學員抄了近 40 條的筆記，那時候我還跟這學員開了玩笑：「哇！有那麼多重點喔！太可怕了！」但是，要是你常於職場上報告時遇到挫折，那我可以告訴你，簡報本來就是一個雕琢細節的過程，那些報告不順利的朋友，就是因為沒有這些細節作為借鏡，而

這本書毫不藏私地整理並分享這些眉角，值得在簡報上屢逢挫折的讀者參考看看。

推薦序

教你打造成功簡報的一本簡報指南書

——黃祺浩／Keynote 小王子

這是一本教你如何好好簡報的書。

過去從小到大的求學歷程，很少有老師能在學校裡將如何做好簡報這個能力傳授給學生，以致於我們以為做簡報這件事就是單純地在做 PPT 而已。

如今，有新聞媒體報導，亞馬遜執行長貝佐斯（Jeff Bezos）在開會時禁用 PPT，但這並不是指簡報沒有價值，而是從一開始需不需要簡報這件事，我們都該好好判斷清楚。

一場好的簡報，並不是只有在 PPT 上下功夫。

本書完整地說明了從一開始思考簡報的必要性，慎選真正需要簡報的時機，掌握簡報的目的及了解聽眾屬性的前期準備工作，千萬不要以為做簡報就是把簡報軟體打開使用而已，想要做好一場精彩的簡報，前期的準備工作不能省！

我很喜歡書中舉了《愛麗絲夢遊仙境》裡愛麗絲跟柴郡貓的對話，因為我在對外演講時，也很常舉同樣的例子。沒有目的就沒有

簡報，簡報的目的一直都是成功簡報的關鍵核心。

在你做簡報之前，務必先掌握好簡報的目的，同時這也是衡量你的簡報是否成功的一項關鍵依據。如果你的簡報目的是促成合作，那你簡報結束是否成功促成合作就是你簡報的關鍵；如果你的簡報目的是讓人發現問題並採取行動，那如何達成這件事就是你簡報的關鍵。

有了清楚的目的，接下來就要有邏輯通順的架構，在書中提供了故事板的方法，讓你可以快速對整個簡報的架構有個雛型，然後你可以因應自己的需求，調整架構的方式，不論是時序架構、正反架構或是問題解決架構，書中都有清楚的例子。

在簡報頁面的製作上，我也很認同書中作者所提的觀點：「撰寫有力的標題」，在我自己過去協助簡報優化修改的經驗中，看過太多曖昧不明或是撓不到癢處的標題，在這個分秒必爭的時代裡，要看簡報的人慢慢意會你的結論，就像等候一份備餐過久的餐點一樣讓人難耐，記得在簡報中直接點會更好！

書中還提了一個在同類簡報書籍很少見卻非常重要的觀念：「預先推銷」。作者花了一整個章節在說明預先推銷的重要性與執行方法，這是一個能不能讓你簡報時，達到降低障礙提升成功的關鍵操作，也是多數人在簡報時會忽略的事情，如果你懂得操作預先推銷，你在簡報上就占了很大的先機，請記住：簡報在你還沒開始正式上臺就已經開始了。

這是本沒有成功簡報經驗的人值得一看的書，書中最後也替讀者整理出全書重點，可作為你做簡報時的提醒指南。

希望閱讀完這本書的你，能將簡報能力化作你的職場必殺技！

推薦序

職場上的一場好簡報，
背後是無數的細節堆積而成

——鄭君平／《一擊必中！給職場人的簡報策略書》作者

面對職場，我平均每天至少要製作超過一份以上的簡報（包含工作項目進度、高階主管需求簡報與對外業務提案），每週要聽超過十場的會議簡報（包括外部提案、內部團隊討論與高層會議），預算從數萬到數千萬都有，這樣的經歷超過五年，因此在經手過數千份以上各式簡報的製作經驗、聆聽過千位以上的專業乙方、廠商、團隊或創業者說明，綜合以上經驗的洗禮之下，在 2019 年，我構思一份三分鐘內就能讀完的八頁簡報，主動向商周出版簡報提案書籍出版，以少數的素人（非自媒體、網紅或外商高階主管）順利合作出版《一擊必中！給職場人的簡報策略書》。

一直以來，你如果能在職場上做出一場好簡報，所引發的化學效應絕對比你想到的還多，簡報能幫助你增加「名」，代表著個人能力（個人品牌建立、具備好的邏輯思維與視覺美感）、「權」代表影響力（如何透過簡報讓其他人能獲得些什麼、讓你更快能達成某些目的）、「利」代表機會點（不是指收入，而是擴散，讓你間

接地抓住更多其他機會）。

　　本書中有超過 80% 以上的概念與我的經驗完全相符，本書作者提姆·寇金茲是一位專注在品牌市場、行銷領域的專家，而書中所提到商務簡報與公開演講的簡報是完全不同的表現形式，的確對於許多職場工作者而言，會認為外部演講的內容、臺風、版面或說話技巧，充滿著吸引力與個人魅力，但別忘了職場上的簡報，目的在於藉由這份簡報讓受眾去改變觀念思維、解決問題或讓對方有所行動，再加上職場上的位階、角色與身分的變數，簡報內容更有所差異。

　　書中最令我最印象深刻的話是：「簡報是一種不斷循環的過程，而非一次性活動」，從初始判定是否有必要做簡報、釐清目標、聽眾屬性、簡報綱要、故事頁面、預先演練、場地準備、自信心態、策略問答到最後的檢討反省，整個過程就是經由一次又一次的積累，去提升自己在每個環節的深度，當你把每個細節都做好，相信對於個人職涯會產生出不同的化學效應。

　　無論是對外演講、商務場合、課程報告或教學，書中都寫出對於每一個細節的專注，其實都代表著作者多年經驗的累加，如果我能夠早一點看到這本書，相信在簡報的道路必會更加順利，我誠摯推薦此書給您。

推薦序

用行銷思維來做出有效溝通、
精準表達的商務簡報

——劉奕酉／職人簡報與商業思維專家

在現今職場上，簡報是主流的報告媒介。你可能有很棒的創意想法、很好的工作成果，但是唯有將簡報做好，才能讓大家看見與理解它的好。

作者提姆・寇金茲是西北大學凱洛格管理學院的教授，同時也是品牌策略師與作家，曾為諾華、凱悅酒店、惠普、資誠聯合會計師事務所、德事隆等全球知名企業主持各種研討會，也多次榮獲凱洛格管理學院內的教學卓越獎、教師影響獎等獎項；因此，他深知做好簡報能發揮多大的影響力，可以撼動一群人、凝聚共識、取得認同，還能激發團隊的動力。

我相當認同作者所說的，做出好簡報的第一步，就是問問自己：「簡報，是不是非做不可？」

會選擇做簡報，是因為這樣對於溝通、解決問題，以及在工作上往前推進是有更大助益的。除此之外，簡報能免則免。反過來說，為了更順利的達成目標而做簡報，我們就必須認真看待做好簡

報這件事，而這本書所要傳達的就是「如何讓簡報發揮成效」的高效簡報技巧。

簡報，就是一種行銷

我在過往的職涯中，超過一半以上的時間都是在策略行銷領域發展，深知行銷的本質，就是回應市場的變化而做出行動，關鍵在於滿足客戶的需求、解決客戶的問題，而不是產品本身。同樣地，當你用行銷視角來看待簡報時，首要關注的就是如何與聽眾建立連結？他們想要看什麼？期望用什麼方式來看？

當然，你想要表達什麼也是重要的，但這是基於滿足聽眾需求之後再來做的事。

作者不愧是在行銷領域有著豐富實務經驗的專家，對於如何確認目的，到掌握聽眾的屬性、偏好與優先重點，在書中都有相當獨到的見解與建議，而這也是簡報規畫前的重要準備。職場中每個人都有各自要面對的挑戰，只不過優先事項與麻煩不盡相同而已；當你在規劃簡報時，若能掌握到聽眾的工作重心是什麼？他們優先需要的資訊又是什麼？就能設計出一個讓他們有感的簡報。

有感，就能建立起聽眾與你的連結，讓他們對於你想表達的內容更感興趣。

簡報，就是要說故事

我們都喜歡聽故事，但也害怕說故事。因為一個不注意，故事沒說好可能就變成了事故。

在職場上大家沒有時間、老闆也沒耐心，簡報還要說故事？先別急著否定，而且你可能誤解了「故事」所代表的意義。一個有說服力的簡報，必須用一個有邏輯的流程把你的觀點與資訊串聯起來，讓每一張投影片之間的銜接合情合理，又能讓人順理成章地接受。

「當人處於認知放鬆的狀態下，多半心情會很愉快，這時見什麼愛什麼、聽什麼信什麼。」

要替簡報找出流程，最好的方式就是把簡報當成故事來看待。你簡報的不再是一堆散落的資訊和數據，而是將有關這個任務的故事說給對方聽。有了好故事，一切便順理成章；書中羅列了不少故事鋪陳的技巧與架構，例如：故事板、時序／正反／問題解決架構、注意開場與結尾等等。

在這本書中雖說是拆解高效簡報的技巧，但隨處都可見到故事與案例的說明，讓人邊讀邊點頭稱是，不知不覺就讀完了，我想這就是說故事的魅力吧！

簡報，就是做好準備

說到簡報的準備，你會想到什麼？我在企業培訓詢問學員時，

大多數得到的回答都是：簡報規畫的準備、簡報製作的準備、簡報演練的準備等等。這些都沒錯，也都是我們應該花時間好好準備以確保提高簡報「有效性」的環節。

但是，除此之外，還有哪些準備是我們沒注意到的？

你可能意識到了，來自於聽眾的提問與反應可能會有變數，儘管我們做足了功課與準備，仍然不免可能有些突發狀況出現。書中提到了一些關於如何降低簡報「不確定性」的建議，像是如何以資料與數據來佐證的準備、在會議前預先和與會者溝通找出可能的反對意見與提問準備、場地與設備的確認準備、時間安排的準備，以及自信心的準備。

這本書適合有大量商務簡報需要的人，不論是初學者、還是資深老手，相信都可以從中釐清與檢視做好高效簡報的觀念與重點；即便我已經有十多年製作與教授簡報的經驗，依然覺得受益良多。

運用書中的提點與建議來檢視簡報的準備，肯定能進一步提高簡報的有效性、降低簡報的不確定性，讓你更有自信地站在臺上展現你的專業價值。

01

如何幫雞洗澡

「**幫**雞洗澡並不難，」我對臺下觀眾說，「大家都做得到。假如各位打算帶家裡的雞去參加家禽展，真心建議先幫雞洗個澡，這樣一來雞才能以最佳狀態亮相。只要記得把雞抓好，選用溫和的肥皂，最後再把雞從頭到腳吹乾，別讓牠感冒就可以了。」1973 年 3 月的那一天很冷，當時八歲的我，在青年組織「四健會」（4-H）贊助的一場比賽中發表我人生第一場正式簡報。

評審團聚精會神地聆聽，他們會以簡報的結構和風格作為評鑑標準。最後，評審除了會針對每位參賽者給分之外，也會提供一些指點，比方說哪裡表現不錯，哪些地方可以再加強等等。最出色的簡報可以獲頒藍綬帶，表現一般的簡報則拿到紅綬帶，平均水準以下的簡報則給予白色綬帶。

我一邊指著海報，一邊鉅細靡遺地描述幫雞洗澡的過程。我彎下腰，從臺前桌子的後方拉出一個大塑膠條板箱。

「現在我就來示範幫雞洗澡的每一個步驟。」我繼續說道。我把箱子打開，將手伸進箱子裡。那隻活蹦亂跳的白色萊亨雞（White Leghorn）跑到箱子另一邊，讓我撲了個空。我將上半身探進箱子內，手伸得老長，剛剛好碰到雞。這隻雞立刻緊張兮兮地沿著箱子後方的壁面亂竄，想必對接下來要發生的事情很火大。

養過雞的人就知道，抓雞有正確和錯誤的方法。正確做法是先把雙手放在雞的翅膀上方，然後捉住翅膀輕輕將雞抓起來。雞馬上就會發現牠沒辦法拍動翅膀，過了不幾分鐘，自然就會停止掙扎，冷靜下來，這時你就可以把雞轉過來做檢查，或者像我一樣，幫雞洗個澡。

除此以外的抓雞法都是錯的。無論是抓雞的腳、抓牠尾巴，還

是只抓牠其中一隻翅膀，都只會愈搞愈糟而已。一定要先控制兩邊的翅膀，因為雞本來就會擔心自己的安危，所以勢必會瘋狂拍打翅膀，想辦法脫逃。那天我處理的白色萊亨雞就屬於特別容易焦慮激動的品種。

就在我頭手都伸進箱子裡的時候，心中有點擔心簡報，因此很想趕快讓事情上軌道。每位參賽者只有幾分鐘而已，評審對時間又盯得很緊。所以我把手伸向那隻雞，捉住牠白色的尾巴，直接將雞從箱子裡拉出來。結果，一場災難就此引爆。

那隻萊亨雞拚命揮打翅膀，擊中我的臉和胸口，作為一個專門處理雞的簡報要用到的道具，顯然很快就會讓這場簡報走向不歸路。灰塵揚起，白色的羽毛滿天飛舞，我一隻手抓緊雞尾巴，努力不讓這隻雞在我人生的第一場簡報中脫逃。臺下觀眾興奮地往前靠，想看清楚這雞飛狗跳的場面會演變成什麼樣子。我使出渾身解數，一邊控制那隻暴走的雞，一邊設法冷靜地繼續做簡報。

「一定要把雞控制好，要不然雞會很恐慌，雞一恐慌就會翅膀拍個不停，就像現在這隻雞這樣。」當我望著雞毛像雪花般落下，雞也痛苦亂叫的時候，我又補充說：「有時候需要一點時間才能讓雞冷靜下來。」

這場拉鋸戰對我來說活像有幾個小時那麼長，真是難熬。最後雞也累了，我總算得以抓住牠的兩隻翅膀，將雞牢牢箝制在我身旁。

我大大鬆了一口氣，繼續解說：「只要把雞控制好以後，就可以將牠放進水槽裡。」我一邊說明，一邊把（現在已經）被制伏的

雞放入我面前一個裝好溫肥皂水的桶子裡。「記得要用非常溫和的肥皂。」

我伸手去拿肥皂的時候，雞發現牠有機可趁，立刻重振旗鼓，再一次試圖掙脫。牠的一隻翅膀從我的手中滑開後，馬上不停地拍打翅膀，又一波猛烈的掙扎。不過，這次連水也濺得到處都是，我的衣服都被弄溼了。

最終我還是重新掌控了大局，把雞洗乾淨，然後用我母親的吹風機把牠身體吹乾。「一定要完全吹乾，不過用吹風機的時候要特別小心。」我諄諄告誡：「太熱的風不行，用中等溫度的風最理想。」說完以後，我緊緊抓住雞的翅膀，將牠放回箱子裡。

「以上就是如何幫雞洗澡的過程。」我總結了簡報的重點：「請記住成功的三個要訣：把雞控制好、用溫和的洗潔劑，以及把雞從頭到腳吹乾。幫雞洗澡其實一點也不難。」

我累得虛脫了，全身溼答答的，還沾了一大堆羽毛。但任務已經完成，我很高興不用再擔心簡報的事了。在觀眾的熱烈掌聲中，我把東西收拾好——這絕對是那天最精采的簡報之一。我找了一個位子坐下，欣賞下一場簡報。

獎項在近傍晚時出爐，我獲頒藍綬帶，而且評審給了我很高的分數。他們在講評中對我的簡報極盡讚美之詞，尤其喜歡我用雞做示範那一段。

那一天，我學到了三件很重要的事情。

首先，做簡報非常刺激，雖然可怕，但又讓你覺得很興奮、渾身是勁。你是所有目光的焦點。

其次，若能善用一些基本原則，可以幫助簡報更順利。掌握好

引言、結論、脈絡清晰的故事和簡單的視覺效果之類的東西，真的能幫簡報大大加分。這些基本原則都不會太複雜。

第三個重點就是，一場好的簡報可以激發觀眾的好奇心，讓大家更投入，如果又能夠運用會動的道具，一定可以發揮奇效，把觀眾的注意力全吸引過來。譬如一隻翅膀拍個不停、嘎嘎大叫的雞就有絕佳效果；當然，這隻雞也肯定不會讓大家昏昏欲睡。

5,000 場簡報

從那一天起到目前為止，我已經做過 5,000 多場的簡報。[1]就某方面而言，小時候用雞做簡報的經驗可以說造就了我現在的職業生涯。

我讀國高中的時候，也在四健會發表了一些簡報，講過飼養豬隻、鴨隻配種和收藏蝴蝶標本等主題。幫雞洗澡這個主題我再也沒碰過。

大學畢業後，我在策略公司 Booz Allen Hamilton 做了兩年的管理顧問，花了不少時間為保險、能源和快速消費品等產業的客戶規劃及發表專案簡報。

我接著又到哈佛商學院念 MBA，後來在卡夫食品（Kraft Foods）擔任品牌管理方面的職務。在卡夫食品工作的這 11 年之間，我負責管理一系列不同的業務，包括 Parkay Margarine 奶油、A.1. 牛排醬（A.1. Steak Sauce）、Miracle Whip 調味醬、塔可鐘速食（Taco Bell）和卡夫烤肉醬（Kraft BBQ Sauce）。我

無論管理哪一項業務，都需要撰寫業務進展報告、專案建議報告和行銷計畫，並且向相關人士做簡報。

我在卡夫食品工作五年之後，開始在德福瑞大學（DeVry University）商學院擔任兼任教授，講授廣告相關課程。後來我又轉往西北大學凱洛格管理學院（Kellogg School of Management）教書。終於，我發現自己對教學的熱愛更甚於每天忙著調度卡夫烤肉醬配送車的事情，所以當我有機會成為「臨床教授」（clinical professor）──這表示學校會給我辦公室和薪水──我便離開卡夫，以凱洛格管理學院作為我的職涯發展基地。

目前我主要的工作是幫助人建立強大的企業和優質品牌。我在凱洛格講授全日制、兼職和高階 MBA 課程的一些科目，譬如行銷戰略、策略行銷決策和生物醫學行銷等等。我也為世界各地的公司主持各種研討會。這幾年跟我合作過的公司包括禮來（Eli Lilly）、諾華（Novartis）、艾伯維（AbbVie）、惠普（HP）、凱悅酒店集團（Hyatt）、資誠聯合會計師事務所（PwC）和德事隆（Textron），我因此有機會到過俄羅斯、澳洲、日本、丹麥、杜拜、約旦、德國、瑞士、中國和土耳其等國家。

在這段期間，我獲得了一些教學卓越獎，包括西北大學凱洛格管理學院的「傑出教學獎」（Sidney J. Levy Teaching Award）、兩次教師影響力獎（Kellogg Faculty Impact Award），以及四次高階 MBA 頂尖教授獎（Kellogg Executive MBA Top Professor Award）。另外我也兩度獲頒凱洛格學院年度教學卓越獎（L.G. Lavengood Outstanding Professor of the Year），該獎項設立 40 多年來只有五個人得過兩次，我就是其中一位。MBA 網站

Poets & Quants 的「2016 年最受歡迎的 MBA 教授」（Favorite MBA Professors of 2016）榜單，我也名列其中。

以上林林總總都讓我見識到了出色的簡報所具有的威力。我清楚知道強大的進展報告能發揮多大影響力；這種影響力可以撼動一群人、凝聚共識、振奮整個班級、取得認可，還能夠激發團隊的動力。

你可能擁有世界上最棒的點子，但唯有把簡報做好，才能讓大家理解它的好。在某種層面上來說，要向老闆推銷你的點子就如同幫雞洗澡，洗乾淨才能讓它以最佳狀態亮相。

02

本書立意

本書只有一個很簡單的宗旨，那就是幫助各位規劃並發表有效的商務簡報。只要讀了這本書並實際應用書中的要訣，就能更加自信又果決地做簡報。站在群眾面前，你的表現會更流利，並且更能夠主導簡報現場。

把自己修練成更厲害的講者，還可以激發出其他更重要的益處。簡報技巧升級之後，往往能助你在職場上更加無往不利。大家更有可能認可你提出的建議報告，如此一來你便有機會對該業務發揮更大的影響力。當你的業務影響力愈來愈大，高層自然會更加看重你，那麼你的個人品牌也會隨之變得更穩固。

當你在工作崗位上更加得心應手，更大的好處會接著而來。你會先加薪，然後得到升遷的機會。當你爬到更高的位置，又會拿到更高的薪水，甚至可以得到更多獎金，外加認股選擇權。最終，你會有很多千載難逢的好機會，可以對手上業務發揮更顯著的影響力。

這些進展不但有助於你掌握人生的目的與方向，到頭來還會使你更成功、更富足和更有自信。

總而言之，本書——藉由幫助你成為更棒的簡報講者——能讓你的人生更上一層樓。

問題出在哪裡

「各位晚安！」我向德福瑞大學商學院 MBA 的學生們打招呼。那是個寒冷的 11 月夜晚。我繼續說道：「今天晚上我們要進

行小組簡報，有很多事情要做，所以不如就直接開始吧！容我介紹今天的第一組出場。這幾位就是第一組。來吧，第一組請開始！」

第一組學生慢吞吞又有點遲疑地走到臺前。他們圍著講臺，七手八腳把電腦線接到投影設備。在我和全班同學的注目之下，他們花了差不多五分鐘的時間把線試接到不同插孔，一邊討論著到底哪裡有問題。

最後螢幕上總算出現第一張投影片。其中一名學生站在講臺正後方，低頭望著電腦，一邊讀出這次簡報的名稱。接著他按了一下，螢幕出現下一張投影片，頁面上都是數字。

「這張是按季和按地區所做的市占率分析。」他邊說邊專心看著電腦。

「各位可以看到，市占率是 34%。以我們最重要的客層來看的話，市占率為 26%。」他又補充說。這名學生點點頭後按到下一頁，這張投影片列出了詳細的 SWOT 分析：SWOT 就是指營運的優勢（strength）、劣勢（weakness）、機會（opportunity）和威脅（threat）。

「這項業務有若干優勢和劣勢，」他解釋說，「也有一些機會和威脅，主要的機會在於市場大小，而競爭就是最大的威脅。」

他又點到下一頁，這時班上同學有點坐不住了，顯然覺得很無聊。講者點按到一張名為「競爭分析」的投影片。他還是低著頭繼續講解：「目前有四大競爭對手，各位從這張投影片可以看到，這些競爭對手旗下都有數個不同品牌。」

他又按了好幾張投影片，探討了「顧客區隔」、「價格趨勢」和「財務」等標題的頁面。

簡報才開始沒多久，臺下觀眾學生就完全不理他了。我環顧四周，看到這樣的場景：有些學生不知神遊到哪裡去了，大概是在想休息時間要做什麼好，再不然就是想早上在健身房碰到的那位魅力四射的學生吧；有些人正在複習自己的投影片，為待會要上場的簡報做準備；又有幾名學生偷偷檢查電子郵件；坐在第二排的一名學生打起瞌睡來了。

　　無論是對講者還是觀眾來說，這都是痛苦萬分的經驗。

　　但很可惜，這種情況太普遍了，很多人就是沒辦法把簡報做好。不是投影片弄得雜亂無章，就是缺乏故事性，或是沒有提出明確的建議報告，說起話來枯燥乏味。

　　這是很大的問題。即便提出了世界上最理想的建議，若把簡報做得隨隨便便，也都是枉然；即便是最聰明的企業高管，也會顯得無能又無力。

　　這種糟糕的簡報往往不是因為不夠努力的關係。就多數情況來看，講者是真的使出渾身解數想好好表現。像我教的那些學生不但伶俐又積極，他們花了很多時間和金錢來上商學院，對自己、同學和教授都有很高的期待，可以說是非常用功。他們在規劃簡報時，會考慮到整個流程和資料數據，對於要提出的建議也會斟酌再三，並提出佐證。不過話說回來，他們雖然花了這麼多心血，卻往往達不到預期效果，因為現實是有太多人根本不知道該怎麼設計出有效的簡報並加以發表。

每個人都可以成為簡報高手

我相信任何人都能做出很有效果的簡報。

簡報並沒有特殊祕訣，所需的技巧很簡單，成功的關鍵也十分明確，簡報會有的問題也很容易找出來做修正。

想要做好簡報，其實不必去劇場受訓，也不用像好萊塢傳奇笑匠傑瑞・賽恩菲德（Jerry Seinfeld）那麼幽默，更不必像演員布萊德・彼特（Brad Pitt）那麼帥，也不需要擁有歌手泰勒絲（Taylor Swift）那樣的舞臺魅力，只要有邏輯地思考，再加上用心準備並清楚表達就可以了，無需特殊技巧或天分。非營利演講組織 TED 堪稱當今最有名的公開演講平台，負責人克里斯・安德森（Chris Anderson）指出：「公開演講的能力並不是一種只屬於少數幸運兒的天賦，而是由各種技巧組合而成。」[1]

很多人都認為英國首相邱吉爾（Winston Churchill）是 20 世紀最偉大的演說家之一。他的演說振奮人心、充滿鼓舞的力量，激發信心與決心。然而邱吉爾並不是天生就對公開演講很拿手。他原本是一個講話結巴、口齒不清的人，但正是因為知道公開演講對他的事業來說不可或缺，所以他下了一番功夫改善演說技巧，這才使他成為偉大的演說家。

任何人只要有想修練成簡報達人的決心，就能做到。即便是最不擅長社交的人，若能適當運用幾個很普遍的技巧，就能做出清晰又有效果的簡報。也許不會讓聽眾感動落淚或激動得起立鼓掌，但順利做完簡報是絕對沒問題的。

每個人都可以精進簡報能力

每個人都能做好簡報，也可以再精進簡報能力。簡報並非那種駕馭它後就可以宣稱自己已經登峰造極的技藝。這是一場無止盡的挑戰，一定會有可以改善的空間。

以這個層面來講，就不能用騎腳踏車來跟簡報能力相比。學騎腳踏車的時候，必須不斷地練習。別人可以幫你扶著腳踏車，比方說父母會在腳踏車開始動起來之後幫你控制方向。你最後會知道怎麼騎腳踏車，也就是說你懂得如何加速、愈騎愈快和停下來。一旦學會了，就等於擁有這個能力。沒有人會忘記如何騎腳踏車，所以你不會聽到有人說：「喬伊，我好幾年沒騎腳踏車了，能不能請你幫我扶一下車子？」因為學會了就記住了。

但簡報可不一樣。

簡報能力是一套大家都可以學會的技巧和技術。儘管如此，任何簡報都有進步的空間。也許引言可以再緊湊一點，佐證再加強一點。第一段可能講得太倉促，或時間不夠用，當然還有很難揪出每一個錯字，也或許你在回答提問時有點遲疑。

從這些就可以看出來，改善的空間一直都存在。換句話說，每一次做簡報都是一個大好機會，讓你可以做更有效的溝通。即使是最厲害的講者，也會想方設法精益求精。

改善的空間

　　為了了解人們對簡報的看法，我最近針對我在西北大學凱洛格管理學院的 MBA 學生做了幾項問卷調查，總計收到 379 位學生的回覆。

　　問卷調查裡面列出許多問題，在此列舉幾個作為參考：

- ·你喜歡做簡報嗎？
- ·你做簡報的時候會緊張嗎？
- ·你對規劃和發表簡報的上手程度為何？
- ·設計簡報對你而言容易程度為何？
- ·你受過多少做簡報的訓練？

　　調查結果令人吃驚，而且不是很正面。首先，大家不喜歡做簡報。以 1 到 10 分來作答的話，「你喜歡做簡報嗎？」這個問題在某項調查中的平均分數只有 7.0，同一個問題在另一項調查的平均分數是 6.5。

　　另外，大家也不認為自己擅長簡報。「你對規劃和發表簡報的上手程度為何？」這一題在兩項調查中的平均分數是 6.8 和 6.6。這些數字並不好看，尤其是一般相信，人往往會表現得比較樂觀——一直有研究證明，涉及到聰明才智和外表這類主題時，絕大多數的人相信自己在平均水準以上。

　　再來就是學生也不覺得同學很會做簡報。學生們被問到同學規劃與發表簡報的能力為何時，答案的平均分數只有 6.8。

大家不喜歡做簡報、不認為自己特別擅長做簡報，也不認為同儕很會做簡報——這種情況真是令人感到遺憾。問題也出在這裡。

簡報講者分為三種

從我的研究結果可以看到一個特別顯著的現象，那就是受試者對簡報各有不同的感受。換言之，在平均數的背後其實可以區隔出不同屬性的講者。

我將這些受試者分為三種類型。第一種我稱之為「自信型講者」（confident presenters），這種講者占所有受試學生的 30%。這些學生熱愛做簡報，也自認擅長簡報，覺得做簡報相當容易。

另一個極端類型稱為「掙扎型講者」（struggling presenters）最適合不過。這類學生看事情的角度跟自信型講者截然不同。他們不喜歡做簡報，自認不擅長做簡報，也覺得做簡報是一件很難的事情，會因此感到特別緊張。此類講者約占 25%。

介於中間的學生為「平穩型講者」（solid presenters），約占所有受試者的 45%。

三種類型的講者出現在好幾項調查當中。以下特別提供兩項調查的結果。

圖 1-1　對簡報的看法（調查於 2017 年秋天）

調查項目 ＼ 講者類型	自信型講者	平穩型講者	掙扎型講者
受試者所占百分比	30.4%	43.5%	26.1%
你做簡報的上手程度為何？ （1 是很糟，10 是傑出）	8.0	6.6	4.6
設計簡報對你而言容易程度為何？ （1 是很難，10 是很簡單）	7.1	6.3	4.9
你做簡報的時候會緊張嗎？ （1 是不緊張，10 是很緊張）	4.6	5.5	5.8

圖 1-2　對簡報的看法（調查於 2017 年冬天）

調查項目 ＼ 講者類型	自信型講者	平穩型講者	掙扎型講者
受試者所占百分比	25.5%	45.1%	29.4%
你做簡報的上手程度為何？ （1 是很糟，10 是傑出）	8.0	6.8	4.8
設計簡報對你而言容易程度為何？ （1 是很難，10 是很簡單）	7.9	6.5	4.1
你做簡報的時候會緊張嗎？ （1 是不緊張，10 是很緊張）	3.5	5.3	7.5

強化循環

簡報的效果立竿見影。優秀的講者有可能愈變愈厲害,而簡報能力差的人表現會愈來愈糟。

之所以會有這種現象,無非就是三個原因。第一,自信型講者會得到更多練習機會。也就是說,需要做進展報告的時候,自信型講者往往會舉手自告奮勇。畢竟這類型的人擅長做,通常也樂在其中。

掙扎型講者想當然會盡量避開簡報,因為做簡報的經驗實在又難熬又可怕。這類型的人會找盡各種藉口逃避,能免則免。

在這種心態的影響之下,自認比較擅長簡報的人就會得到更多磨練,進而有利於簡報技巧的提升。至於不喜歡簡報的人則因為沒有更多練習機會,所以難有進步。

第二個原因是,喜歡簡報的人更願意花時間做準備。他們會馬上就定位,著手處理專案。畢竟對這類型的人而言,準備簡報往往是令人既興奮又充滿正面能量的事情。

討厭簡報的人多半祭出拖字訣。一想到上臺簡報很恐怖,不會有什麼好結果的時候,誰還會花時間去思考簡報這檔事?

由此可見,自信型講者會花更多時間精進簡報、增強論點以及修潤投影片,但掙扎型講者則一拖再拖,很難做好準備。

最後一個原因則是,自信型講者的心理層面比較踏實,因為他們自認很會做簡報,所以比較不會慌張。這類型的人聲音宏亮,信心滿滿地勇往直前。

掙扎型講者的經驗就截然不同了。由於這類型的人很緊張,所

以容易急就章或說話吃螺絲。講解投影片時他們照稿唸，再不然就是眼睛盯著電腦看，避免與觀眾有眼神接觸。

綜合以上幾個因素可以看到，自信型講者多了練習機會和正面結果，所以時間愈久，技巧就愈精進。掙扎型講者依然繼續掙扎，平穩型講者則維持一般水平。

由此可見，簡報成功的正向循環會激勵自信型講者持續進步，而失敗的負向循環則拖累掙扎型講者，使之表現愈來愈差。

圖 1-3　簡報成功的正向循環

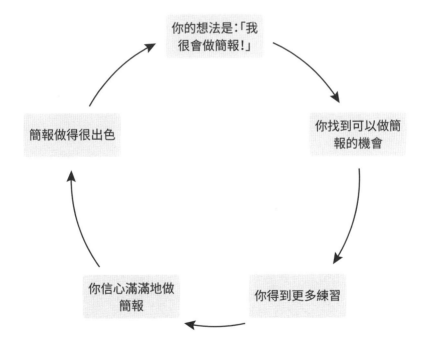

圖 1-4　簡報失敗的負向循環

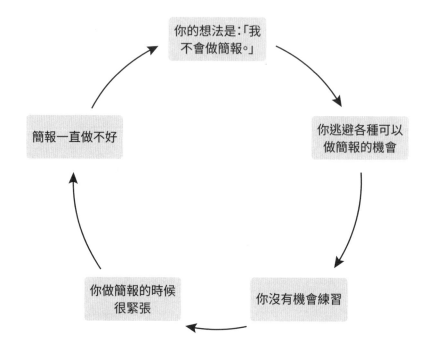

訓練不足

在我以學生為對象的問卷調查當中，我也問到了簡報訓練的事情。多數學生都回答受過一些簡報技巧方面的訓練，但是不多。綜合我做的各項調查來看，「你受過多少簡報訓練？」這一題的平均回答分數只有 5.8 分（1 表示完全沒有，10 表示很多）。

三種類型的講者所做的訓練也有所不同。不論從哪一項調

查都可以看到，自信型講者表示他們受過的訓練比掙扎型講者多了很多。

圖 1-5　受試者對簡報訓練的看法：你受過多少訓練？
（調查於 2017 年秋天）

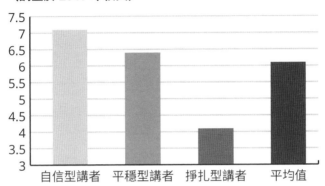

也許有人會根據這份資料就推論說，訓練是培養簡報技巧至關緊要的途徑，因為自信型講者顯然受惠於所受的訓練，而掙扎型講者訓練不多，自然無法進步。

但這種說法因果關係不明確，所以我倒不覺得事情有這麼簡單。真的是訓練造成兩種講者之間的差異嗎？也許是吧，但也有可能只是因為喜歡簡報又相信自己擅長做簡報的人，通常更樂於報名參加簡報訓練課程的緣故。**不喜歡**做簡報的人自然**不會**去上這種課程。

這樣的差別我也在凱洛格管理學院的同事身上看到。只要舉行教學技巧方面的研討會，譬如檢討正向課堂規範的建立做法或討論如何促進辯論的議題時，最優秀的教師都會出席。以大衛・比桑科

（David Besanko）教授為例，他稱得上是凱洛格管理學院最頂尖的教師，也是唯一一位得過三次「凱洛格學院年度教學卓越獎」的教師。有鑑於每隔五年才有資格獲得此殊榮，可見得到該獎項是多麼難能可貴的成就。學校只要有關於教學主題的研討會，就少不了大衛的身影。他顯然並不需要這方面的協助，因此我猜想他純粹是因為熱愛思考與學習教學事務，所以才會參加。

不過話說回來，訓練確實是改善簡報技巧的重要途徑。那麼還有什麼其他方法可以增進簡報能力呢？

 關鍵重點來了

不管你是應屆畢業的大學生，抑或是備受肯定的專業人士，本書都能精進你的簡報能力。倘若你是非營利組織、公司行號或政府部門的員工，也可以在書中找到實用資訊。真正精采的簡報所具備的特質並不會因為產業不同而有所改變。

屬於自信型講者的人會發現本書耳目一新，因為讀來有一種得到驗證之感。書中有許多觀念和想法會跟你不謀而合，想來你應該已經在應用這些觀念。本書讓你有機會把你的現行做法跟書中的最佳實務做法做對照，從中找出你能加以精進的地方。

平穩型講者則可以利用本書進階到下一個層次。本書除了可以補強你的做法，還提供了具體的建議，驅策你向自信型講者的目標邁進。

至於隸屬掙扎型講者這個類別的人，定能從本書探討的訣竅和

建議獲益良多。只要持續運用這些實用的觀念與途徑，就可以增進整體簡報技巧。你在做簡報時若出現一點小進展，就會因受到鼓舞而願意做更多簡報，進而增加成功的機會。一場簡報的成功激發你用心做好下一場簡報，簡報成功的正向循環便就此展開。經驗養成了信心，信心又把你推向成功。

　　本書不是坊間那種論述公開演講的書籍。我不探討詩歌朗誦、卡拉 OK 或牛仔說故事比賽，也不談辯論策略或如何獻上婚禮致詞。

　　這是一本可供商業界領導人物參考的指南，特別是正朝著此目標邁進的人。

03

慎選時機

策劃優質簡報的第一步很簡單：問問自己簡報是不是非做不可。假如沒有非做不可的需要，還不如節省你和觀眾的時間，直接省略比較好。

傑出的講者知道何時需要做簡報，何時沒必要。挑對時間做簡報是很重要的一環，如此才有成功的基礎。

🐔 別浪費大家的時間

很多人（說不定是大多數人？）都很討厭開會，枯坐在那兒聽簡報，他們戲稱這種活動根本是浪費時間。PowerPoint 背負了不少罵名，動不動就被攻擊是邪惡軟體，既浪費時間又鈍化腦袋。人們常開玩笑說「PowerPoint 殺死人」（Death by PowerPoint）。

然而就很多情況來說，問題並不是出在講者或軟體平台，而在於一個更為核心的癥結點——其實完全沒有必要做簡報。給人看一大堆不重要又不相關的資訊，隨便就能讓人昏昏欲睡。

道理很簡單。倘若沒必要針對某主題做簡報，也就是說沒有非做不可的理由，那就別這麼做。誠如偉大的兵法大師孫子所言：「不戰而屈人之兵，善之善者也」[1]，簡報也適用同樣的道理，其最高境界也許就是依你判斷根本不用做簡報。

不做簡報有幾個好處，節省很多時間就是最有力的理由之一。打造精采的簡報並非易事正是貫穿本書的主旨，你得構思故事、找出關鍵數據、精修頁面、雕琢文稿、預先推銷內容、進行排練和打點好舞臺等等，這些都需要投入時間和心血。做簡報不容易，

也急不得。

不做簡報便可省下原本要投入的時間和精力，轉而把心思用來推進專案，幫助業務發展，也許還能早點下班，多跟家人相處。

另一個不做簡報的理由就是為了鞏固你的名聲。疲軟無力的業務進展報告只會毀了你的個人品牌，致使他人以為你對業務的掌握度不夠。很少人會被不痛不癢的簡報打動，做這樣的簡報會拖累你的形象。

看起來很有意思但無關緊要的簡報，十之八九會荒腔走板。觀眾是很忙的，要是你請他們坐在那兒聽著一大堆跟他們沒有直接相關的資訊，他們恐怕會不耐煩。也許擺臭臉給你看，也許提出刁鑽的問題打斷你，或乾脆對你的簡報充耳不聞，檢查起電子郵件來。這些舉動都會妨礙你把簡報做好，因為當觀眾不投入的時候，你很難提得起勁，也不會有正面的心情。

只在有必要的時候做簡報，那麼這種簡報的重要性就會大大提升。你也會因此而增強形象，因為每當觀眾看你做簡報就會發現你都在講重點，他們會既投入又專心。

總而言之，簡報能免則免。

 何時應該做簡報

需不需要做簡報端看時機，務必掌握這種時機上的差別。當你必須做簡報的時候，就該拿出氣勢與幹勁，避開沒必要做的簡報就能確保你做到這一點。

以下幾種狀況往往有做簡報的需要。

▷ 需要大家做決定的時候

有時候很難遊說大家贊同某項建議。你寄了電子郵件給相關人士，但沒人答覆。你又發了郵件追蹤後續狀況，但依舊石沉大海，沒有回音。最後總算有人回覆給整個群組，要求做幾個小小的修正。另一個人則在回信中提出他的疑問，你也回答了這個問題。你根據大家的意見更新了文件，並把更新版寄給大家。然後又有人要求對新版本做一點修改，另一個人則針對最初的那封電子郵件回了信，問了先前就有人問過的問題。你把改好的版本寄出去，結果又有更多人要求修改這個版本。這種情況可能會沒完沒了。這便是現實──很多人不喜歡做決定。出個主意是沒問題，幫忙做決定呢？還是算了吧！做決定是要下功夫、花腦筋的，牽涉到承諾和風險，還不如拖延比較簡單。

用度假來當例子的話，這個道理便一目了然。一般人光想著度假這件事就很開心。大家也許會考慮幾個不同的地點，心裡想著：「或許今年應該去西班牙才對，當然法國也是不錯啦。不過我一直都很想帶孩子們去日本走走，日本實在是非常特別的國家，治安又好。但話說回來，冰島似乎是當紅炸子雞，有了新開的直達航班……」真要人選出最後的目的地，那可就不容易了。如果選了西班牙，就不能去法國或日本。誰捨得放棄法國和日本？還不如再討論久一點，繼續在各種選項中打轉還容易得多。

講到策略性商務決策也是同樣的道理。我們今年應不應該推出這項新產品呢？確實是有一些支持推進的迫切理由，產品說不定也

會掀起旋風；但反過來看，風險也不少，前景如何很難說。該不該推出產品的決定很容易一不小心就延宕了數星期。

有一個最有效的辦法可以強迫大家做決定，那就是把相關人士聚在一起，好好討論。你向大家做簡報，點出問題與各種觀點，再把你的建議端出來，然後對這群觀眾說：「我們今天必須針對這個問題討論出一個決定，也就是此時此刻。」這時大家就可以評估、討論並進行辯論。即便最後沒有達成明確的決定，但至少刺激大家抓出主要的癥結點，比方說我們需要哪些佐證才有助於做決定？為了做出最後決定，我們應當做哪些功課？

▷**需要支援的時候**

不管在哪一種組織，爭取支持都是至關緊要的事情。如果沒有他人的支持，你的提案可能舉步維艱。說不定別人會放馬後炮，或資源無法為你所用，又或者整個提案根本沒機會出現。更有可能的是，你的提案一直被排在很後面，難有進展。

事情牽涉到跨部門同事時尤其會碰到這種狀況。要你的業務主管審慎背書某項特定計畫非常容易，但這於事無補，因為你需要實際的支持。財務部同事也許會說你的提議看起來不錯，但到了最後關頭卻又提出各種質疑。

你也需要高層的支持。副總裁或執行長若是認為某專案有它的價值，就會優先考慮該專案。除了投以關注之外，更重要的是他們會為此挹注資金。

如果沒有高層的幫助，那麼擺在你前方的就是一場大工程了——說不定還是個不可能的任務。若沒有高層力挺，你該如何讓

重大專案成功叩關？恐怕你辦不到。

做簡報之所以是獲得認同、激發大家熱忱的一種高效方法，主要有幾個原因。首先，別人得以透過簡報了解你的邏輯與緣由。你可以清楚指出：「我相信這項行動對公司絕對有利，讓我來闡述原因。」當你向大家做簡報的時候，每一個人的目光和注意力都在你身上，不費吹灰之力。你可藉此讓案子成案，把你的建議推銷給大家。

另一個原因是，簡報可以促使大家公開做出承諾。要是你能讓業務主管開口說「我認為這實在是個不錯的構想」，就表示你得到認同了。說出口之後，他們也就很難收手了，而這種公開的承諾便能造就更長遠的支援。業務主管日後不可能再回過頭來對該專案指手畫腳。就算他們對案子有任何疑慮，也會把重點擺在找出解決之道，而不只是挑毛病。

你在尋求支援的時候，會碰上兩種情況。不管你遇到的是哪一種情況，都有它的好處。一種情況是你得到了協助：上級主管看到問題點，了解你的需求，於是出手提供額外資源來幫你解決問題。另一種情況是你得不到支援：換句話說，高層只叫你盡力而為。要是碰到這種狀況，不表示天就塌下來了。你抓出了問題並請求支援，而高層決定不提供協助——就某方面來講，你現在也脫身了。

我負責管理 Shake'n Bake 這款雞肉調味粉品牌的時候就碰上得不到支援的情況。當時該品牌的銷售額直直落，很顯然並沒有朝達成年度財務目標的路線前進。我跟團隊整理了一份業務進展報告，把造成這種情況的因素做了分析，並提出建議計畫來解決這些問題。然而，這項計畫十分燒錢，品牌不但需要新廣告、新包裝，

也必須針對店內促銷活動下足功夫。

　　最終部門主管還是決定不繼續這項投資，因為資源已經很緊繃，更何況還有其他品牌有更嚴重的問題。

　　這不是我期待的結果，但我知道我的團隊已經拿出主動出擊又有幹勁的稱職表現。假如該品牌的業績持續下滑，也不會有人拿我們開刀；畢竟我們提出過計畫要解決問題。現在是因為部門有其他更重要的優先事項，才導致我們沒辦法實施大部分的計畫而已。

▷必須讓大家了解某個情況的時候

　　有時候你必須告知大家業務上的事情，讓大家掌握最新情況，這時簡報就是很有效的做法，因為你可以藉由這個機會來檢閱相關資訊並加以闡述。另外一種方法是利用電子郵件，不過會好好把郵件讀完的人不多。簡訊的話大家通常比較願意瀏覽，但只適合篇幅短一點的進展解說。備忘錄就更不用說了，因為現代人有不少是遠距工作，要將實體文件送到這些遠距工作者手中並不容易。因此，當你必須讓別人真正掌握某個狀況時，開會大概是最有效果的途徑。

　　我在卡夫食品任職期間，公司收購了另一家美國大食品公司納貝斯克（Nabisco）。當時我是肉品類改良部門的資深主管，負責包含卡夫烤肉醬、Bull's-Eye 烤肉醬、Shake'n Bake、Oven Fry和其他品牌在內的一系列業務。納貝斯克旗下有 A.1. 牛排醬，因此納貝斯克被收購之後，這款牛排醬品牌就順理成章成了我負責的業務之一。

　　我接掌業務沒多久之後，就發現該品牌有狀況。納貝斯克的高

管早在數年前就推出了 A.1. 醬汁系列產品，當時 A.1. 的商業計畫是設定這系列的品項推出後會有驚人成長。但遺憾的是從商業趨勢可以看到，先前的預測顯然不大可能實現。這款醬汁系列產品不但沒能一飛沖天，反倒有成長停滯的現象。產品剛推出時銷路之所以竄升，其實只是反映出促銷大砍價致使門市進貨、以及顧客為嚐鮮而買來試用的結果而已。回頭客並未如預期出現，這顯示核心產品提案有問題。銷路趨緩導致預算有了缺口，這項業務勢必很快就會低於獲利目標達數百萬美元。

我不是很清楚該如何因應這種業務發展上的危機，畢竟我才剛踏入 A.1. 業務，尚未摸透有哪些可運用的籌碼。但有一點我很清楚，這對卡夫食品來說是很嚴重的問題：以卡夫烤肉醬和 A.1. 牛排醬這種成熟的金字招牌事業來講，要填補數百萬美元的預算缺口是不可能的。

我採取的第一個行動就是跟高層排好時間做業務進展報告，必須讓領導卡夫食品的管理階層掌握現在所面臨的財務風險。我當然得設法填補缺口，只是能不能辦到還很難說。我明快點出問題所在，以免這些主管到了年底才發現自己被殺個措手不及。要想建立你個人品牌，確保自己走在快速升遷的軌道上，就絕對不能讓公司的財務目標失準。

有時候提供大家最新資訊其實就是召開會議最充分的理由。若希望別人確實聽到你要傳達的訊息，就應該把大家召集到會議室，請他們坐下來。唯有如此你才能確定他們聽到你的看法、了解你的重點。

▷ 老闆要你做簡報的時候

假如老闆說你應該做簡報，那麼你通常就該聽命行事。大部分的組織都是上面發號施令，下面照做就是。

當然，你會想質疑這項決定並要求延後簡報也是人之常情。現在是做簡報的正確時機嗎？在這個時間點上所提出的建議夠嚴密嗎？多做一、兩個星期的分析會不會產出更有力的進展報告？但不管你有哪些考量，終究還是老闆說了算。老闆要你做簡報，就照辦吧！

基於兩個理由，你應該使命必達。首先，老闆很重要。他們若是喜歡你、支持你，好事就會降臨在你身上。你會拿到不錯的獎金，又可以加薪，說不定能夠升官。也許你還可以得到一些機會，參加特殊又高層級的討論。老闆不想聽你講一大堆拒絕的理由，他們只想聽你最快什麼時候可以做到他們的要求。

第二理由是，老闆也許已經掌握了某些你並不清楚的組織動態，比方說公司另外還有其他專案在推動。老闆知道這些資訊，但你一無所知。又或者你已經在高層的升遷口袋名單當中，所以他們想找機會評估你是否稱職。你終究必須相信老闆會根據他們對組織動態的宏觀認知而做出適當決定。

 ## 何時不該做簡報

這樣問更有感：何時應該取消簡報？何時應該把時間省下來？若是碰到以下幾種情況，請務必取消簡報。

▷可以改用其他更簡便的方式來傳達資訊的時候

若只是為了告知例行事務的話，並不是做簡報的充分理由，因為這種事情用一封電子郵件就可以解決了。別忘了，人類閱讀的速度比說話快，所以如果用備忘錄、電子郵件、簡訊或 Twitter 便可處理的話，就別動用到簡報。

▷尚未有明確建議的時候

除非你很篤定自己已經掌握情況且做好了計畫，否則別貿然提出建議。除了佐證論述必須合情合理，你也應該全盤考量各種不同的動態，詳加思考關鍵問題。

還沒完成分析就不該做簡報，躁進只會顯露出你未做足準備。你會因此緊張不安，這些情緒都會表現出來。大家會發問，尋找分析資料中的破綻，而且一定找得到。這場簡報勢必不會有好結果。

沒有明確的建議就貿然做簡報，也會導致你沒有太多選擇。上級主管會根據並不完備的現況資訊而導向特定結論。他們也許會說：「哇！你們看，真的是價格問題，對吧？我們一定要重新調整價格，最快什麼時候可以調整好？」你本來得花上幾個星期才能確立自己的觀點，結果上級主管現在已經有了定見。人一旦有了定見，要想改變他們的想法就不容易了。

▷大家意見不合的時候

當你站在臺前做簡報的時候，你希望的結果是能得到觀眾的認同。不會有人想看到衝突，也就是說最好別激起敵意、質疑和爭執。討論交流是好事，意見不合就麻煩了。

你要是知道你的團隊對特定主題沒有共識，就不該做簡報，反而應該花功夫抓出事情的癥結點，深入了解大家不認同的原因，並設法找尋共同點。

臨時取消簡報

臨時取消簡報並不妥當。到了開會前才取消會議尤其是很大的問題，因為這樣做會破壞你的名聲，顯得你毫無準備。大家會對你提出的建議有疑慮，你也肯定會因此形象受挫。臨時取消並不是光采的事情。

但話說回來，有時候最正確的行動——即上上之策——便是在最後一刻取消簡報，譬如以下狀況。

▷簡報尚未準備好

簡報若是還沒準備好，就別做簡報。要特別注意的是，完成簡報跟做出完美簡報這兩者之間是有差別的。你應該把簡報準備好，但不一定要很完美。謹記「別因強求完美，而使好事難成」這句至理名言就對了。

把簡報修到十全十美基本上是不可能的，因為要考量、修潤和思考的東西太多了，所以如果你試圖將整份文件雕琢到完美，就意味著這是一件永遠都沒完沒了的工作。別把完美當成目標。

但話又說回來，你也不該用明顯有缺失的簡報來上陣，比方說格式錯誤、字打錯、順序不對和其他問題，都有可能會招致觀眾的

反感。要從這些觀感中翻身可不容易，因為第一印象太深刻了！最糟的狀況就是，你就算提出了有力的分析和建議，也會因為簡報漏洞百出而引來質疑。

做簡報之前，先行評估你目前的進度，假如離完成還差得很遠，就該認真考慮把簡報延後幾天。

▷你對分析資料沒有信心

都快到上臺做簡報的日子才發現分析資料沒效，真的會讓人心情跌到谷底。可能是你的迴歸分析（regression analysis）弄錯了什麼，抑或試算表中的某個儲存格連到了不對的儲存格，不管是什麼原因，分析就是出了錯。做簡報時，若提供的分析有問題會產生兩種麻煩。第一，你會對資料沒信心，這一點會表現在整場簡報當中。倘若你知道數字有錯，就沒辦法心安理得、坦蕩蕩地直視觀眾目光，用充滿自信的口吻說話。

第二個問題則是，觀眾有可能揭穿錯誤資訊。一般來講，想要從簡報的分析資料中挑出錯誤來並不容易，特別是當講者一張接著一張解說投影片時，觀眾通常沒有機會這樣做。所以你也許能全身而退，但偏偏有時候就是會被抓包。

問題就在於有些人很聰明，對業務內容天生敏感，所以只要數字有點奇怪，在他們眼裡都會變得很明顯，接著他們就會發問，然後變成不停地追問。

最後，你大概會帶著被迫賭一把的心情說「我會找時間再好好看一下這個部分的分析結果」或「我很樂意再跟你約個時間，走一遍整個分析過程」。

碰到這種情形肯定不好受，因為你知道自己的公信力已經被擊垮了，觀眾也看在眼裡。

因此，假如你已經知道分析資料有誤，就不該發表這筆資料。可以的話，最好抽掉這頁投影片或這一段。不過有時候抽掉某些資料後，整個簡報也說不通了，若是碰到這種情形，則應該把這場討論延到做出正確分析後再進行。

寧可要求重新安排會議，也別為了分析的正確性問題而毀了自己的名聲。聽眾一旦對你分析數字的能力失去信心，就會質疑你的一切。

▷觀眾因其他危機而分神

2001 年 9 月 11 日這一天，我本來要向卡夫食品當時的執行長貝西・霍頓（Betsy Holden）簡報卡夫烤肉醬業務的進展。那場會議對我來說事關重大，我已經負責這項業務好幾年，但業績始終沒有起色，因為重整計畫需要花時間慢慢發揮效果。我的職業生涯可以說正處於生死關頭。若簡報順利，我就可以繼續管理這項業務，說不定還有機會升遷。但弄不好的話，高層應該會要我考慮別的興趣。這家公司很少炒員工魷魚，主管頂多鼓勵員工考慮做別的職務，找出最適合自己的路。如果是遣散計畫，則會祭出更多鼓勵措施。

當時我已經為簡報做好準備。我花了幾週的時間規劃簡報，把流程擬好，制訂一系列標題，串成故事。每個頁面上的資訊量都剛剛好──不多也不少。我的團隊努力檢查每一筆資料和財務數字。我們都準備好上場了。

會議訂在下午 2:00。

那天早上有一架飛機撞上紐約世貿中心大樓。接著又有一架飛機撞上世貿中心的另一座大樓。美國遭到了攻擊。

我立刻取消會議,雖然重新安排會議時間很麻煩,而且有可能需要再做一輪修正來反映最新資料。

問題就在於,當你知道主要聽眾都已經把心思放在別的地方,會議就應該打住。不妨把會議延後,另外安排一個大家可以集中注意力的時間。

你若執意照原定計畫做簡報,觀眾也無心聆聽。他們會頻頻檢查手機,或甚至中途就起身離開。要是發生這些狀況,很容易滅了簡報的氣勢。觀眾沒辦法專心聽你講話,那麼你付出的心思和心血全都白忙一場。

另外,希望觀眾全神貫注也是一種妄想。狀況隨時隨地在發生,上級主管要操心的事情很多。他們的腦袋一刻**不得閒**,分個神也不是大不了的事,你可以戰勝這一點,用生動的簡報來吸引他們的注意力。但話說回來,如果觀眾的**全副心思**都已經擺在其他事情上時,最理想的做法還是退一步,另外安排時間。

▷你沒有得到跨部門的支持

沒有得到支持,簡報是做不起來的。倘若你得知某些同事反對你提出的建議,把簡報延到改天再進行會比較好。最糟的情形莫過於忙著做簡報但同組的人卻不給予支持了。

高層無不希望事情能進展得順順利利,他們往往很怕碰到那種專案建議不成熟,終究誤了大事而導致他們身敗名裂的狀況。所以

為了增強信心，高層會去觀察這個團隊有沒有說服力。要是所有人都贊同某計畫，就表示該計畫確實服得了人。假如業務主管、營運主管、財務主管和市場調研主管都說這項建議合情合理，那麼高層也沒辦法說不。

各部門若沒有共識，高層就緊張了。業務主管低著頭又坐立難時，往往不是好兆頭。高層要是注意到，恐怕會直接問：「那麼蘇珊，你贊成這個建議嗎？」

這時你當然希望蘇珊積極回答：「我當然贊成。整份計畫我都看過了，相當完備。就在兩天前我去了一趟孟菲斯，跟該區的主管討論過這個計畫，她也認同這個計畫很周延。」

蘇珊若有些遲疑，麻煩就來了。她說不定會說：「我是懂這個建議背後的邏輯啦，但我不是很確定行銷團隊有沒有辦法執行這個計畫。」又或者她會這樣評論：「我覺得這應該行不通。」

一旦蘇珊動搖，這整個簡報就失去公信力了。計畫顯然有問題，高管為何要支持這個計畫？現在唯一可能的出路就是頂頭上司下達指示，過幾個星期再議。這不是有利的局面。

由此可見，要是你已經知道團隊意見相左，那麼延後簡報或許才是上策。你必須先釐清大家的立場，再走下一步。

簡報未必能得到所有人的認同。這就是人生，人都有自己的觀點。但你應該在簡報之前先弄清楚自己的處境，如此一來簡報才能反映現況。團隊裡面若有不同的聲音，可先設法取得共識。又或者你可以在簡報中納入兩種不同的意見，把這兩種意見的優缺點都呈現出來。

倘若到了最後一刻才發現團隊沒有共識，那麼延後會議才是明

智之舉。當你已經知道團隊有重大疑慮，就沒有開會的必要，因為這種情況對你很不利，執意開會的話也不見得有好結果。

04

掌握簡報的目的

當你決定做簡報之後，就要先靜下來想清楚目的何在。究竟為什麼要做簡報呢？你想達成什麼目標？若是不清楚目的，就不可能做好簡報。

目的明確很重要

在《愛麗絲夢遊仙境》（*Alice in Wonderland*）這本書裡面，愛麗絲跟柴郡貓（Cheshire Cat）的對話是很有名的場景。

> 「可以請你告訴我，我應該往哪裡走？」
> 「那要看你想去哪裡。」柴郡貓說。
> 「去哪都無所謂……」愛麗絲說。
> 「那麼你要往哪裡走也就無所謂了。」柴郡貓說。[1]

柴郡貓說的話實在太精闢了。不知道目標是什麼，就會迷失方向。任何方向有可能是對的，也有可能是錯的。你應該先掌握旅程的目的地在哪裡，以免走得太遠或不知道該往哪個方向走。你打算去邁阿密還是東京呢？

同樣的道理也絕對適合套用在簡報上。除非很清楚目標在哪裡，否則不會有任何實質進展。誠如簡報顧問傑瑞·魏斯曼（Jerry Weissman）所寫道：「唯一能保證簡報會成功的方法，就是先從想好目標開始。」[2]

比方說你打算說服大家採納某項建議，那麼你在規劃簡報時就

要以支持這個計畫為目標。你先鋪陳你的觀點，再提出支持論點來解釋此觀點之所以合理的原因。檢討簡報的時候，要考量的是這份文件是否一目了然又具說服力。你可以問自己以下兩個問題：簡報有沒有達到宣傳建議的效果？簡報是否完成這個任務？你要完成的任務清晰明確，而任務成功與否的定義也沒有模糊的空間。

又假如你只是報告某專案的進展，那麼寫出來的簡報就完全不同了。你先蒐集資料，加以組織，並強調重要的結論和影響。這種簡報的目標著重在傳達資訊，而不是宣傳下一步的行動方案。

任何簡報都應該有它的目的，我稱之為**有目的性的簡報**。千萬別為了簡報而簡報，務必要有一個理由，也就是用來召集大家開會的重點。若能清楚掌握這個理由，便可降低浪費大家時間、害大家注意力不集中的風險。

重要的事優先處理

有些人習慣馬上著手設計簡報。這樣的人只要定好簡報時間，就會如火如荼撰寫內容、把簡報做出來。他們把簡報當成敵人，樂於立刻動手對付它。

這種人頗受人欣羨，「真希望我有那種集中精神的幹勁！」一般人心裡可能會這麼想。能寫個草稿出來讓人感到特別安心又很有收穫。

但問題是，除非很清楚自己要報告什麼，否則是寫不出出色簡報的。必須先知道自己要傳達什麼訊息，再開始製作簡報，所以在

動手開始寫之前，務必先掌握簡報的目標。

在處理簡報的過程當中，太早建置實際文稿最容易給自己找麻煩，可惜這種事經常發生。有人把報告專案執行進展的時間排定在一、兩個星期之後，負責的團隊隨即著手製作簡報。

大家認為第一步就是先擬定草稿，因此團隊便就定位開始組合出逐頁內容。比方說先抓這張表進來，再加上那張表，大致排一下順序。不用多久，簡報就成形了。不但有模有樣，也有實質內容，看起來確實大有進展。

但顯而易見的是，這種簡報最大的問題就是「目標」──即訊息──多半都不清不楚。究竟建議是什麼？是提案推新產品上市？還是建議公司漲價？抑或應該降價才對？

不知道目標在哪裡，這份文稿就只是在蒐集事實資料罷了。它沒有表明重點，因為沒有重點可以表明；圖表一應俱全，但少了完整的故事，這只是膨風的文稿。《華爾街日報》（*Wall Street Journal*）專欄作家佩姬‧努南（Peggy Noonan）就指出：「一個人不知道自己在說什麼的時候，就會花很多時間長篇大論。倘若知道自己在說什麼，講起話來反而簡潔有力。觀眾一定看得出來。」[3]

搞不清楚目標何在就撰寫簡報，就跟漫無目的地開車一樣，只會有一直前進的感覺罷了。

你開車上路，踏上漫長的旅途，接著你打電話給朋友說：「鮑伯你好呀，我一路開得好開心！」

鮑伯也理所當然地回答你：「真是太棒了！那麼你打算去哪裡呢？」

「我不知道，不過好消息是路上都沒什麼車！」

只是把事實蒐集起來不能算是好簡報。那純粹就是蒐集資料，沒有價值可言。沒有方向地蒐集一堆圖表其實比一頁內容都沒寫還糟糕，因為一旦放入圖表，要想將圖表從簡報中刪除就不容易了。你很難下得了手砍掉某筆分析資料，所以你會千方百計找藉口把它留下。這時你心裡大概會這樣想：「這個市場區隔分析實在俐落，你看看，總共有九個購買小組，三個觀感態度小組。」即使這項分析對簡報毫無意義，你還是捨不得拿掉。

由此可見，規劃簡報的第一步就是要弄清楚建議是什麼。會議的重點為何？要傳達什麼訊息？這場討論的目標是什麼？我希望觀眾有何想法、觀感，或想要觀眾採取什麼行動？釐清這些問題便可保證你一定能寫出有目的性的簡報。

誠如羅馬共和國的傳奇演說家老加圖（Cato）很久以前所說過的：「先找出訊息，言詞自然隨之而來。」[4]

 ## 卡夫烤肉醬的新策略

我在卡夫工作期間必須做很多棘手的簡報，建議重整卡夫烤肉醬業務那次就是其中之一。當時卡夫烤肉醬在財務上的表現還不錯，收益、市占率和獲利都有成長，整體財務指標看起來都很健康。

問題是，這項業務之所以會成長，是因為產品成本降低加上大打促銷價的緣故。公司一直以來都會在美國夏季最重大的兩個日子——美國陣亡將士紀念日和國慶日——推出一罐卡夫烤肉醬賣

79 美分的優惠。另外在三年前，卡夫烤肉醬的品牌經理決定針對陣亡將士紀念日的促銷活動，再祭出兩罐烤肉醬 99 美分的降價措施。結果這項措施確實為收益、市占率和獲利注入一支強心針。

到了隔年，烤肉醬團隊為了延續這股成長趨勢，又推出在陣亡將士紀念日和國慶日這兩大節日當週大打折扣的優惠。此舉為當年度烤肉醬業務再創一波亮眼佳績，收益與獲利又有了成長。

又隔一年，該團隊故技重施，在兩大節日推出「三」罐卡夫烤肉醬 99 美分的促銷價。這當然又帶動了該年度業績的成長。

然而於此同時，產品卻因為團隊實施一連串的成本刪減計畫而使得品質下滑。他們減少配方裡的番茄、糖漿和香料的分量，把比較便宜的成分分量增加，譬如水、醋和食鹽等等。

這種做法當然走不長遠。銷售量提升了，但純粹是因為削價販售的緣故。我們的產品把那些對價格敏感的顧客吸引過來，而這些顧客當中又有不少人只將卡夫醬汁作為基底來使用；換句話說，他們把卡夫的醬汁調整成自己喜歡的風味，但這樣一來就表示卡夫其實正一點一滴地失去它的的品牌偏好（brand preference）。消費者是買了卡夫烤肉醬沒錯，但他們對這項產品的觀感卻愈來愈差。

我正是在這個節骨眼接手了烤肉醬業務，而且我也很快就發現這項業務一定得改弦易轍。我跟我的團隊攜手制訂了提升產品品質的計畫，減少促銷手段，並投資做廣告和行銷。這個計畫相當周全，但只有一個問題：恐怕會造成收益、市占率和獲利急遽下滑。以短期而言，業績會隨著受價格導向的顧客離去而衰退。不過從長遠來看的話，烤肉醬業務會變得更加強健，但這需要長時間的醞釀。一夕之間就要改變人們對品牌的觀感是不可能的。

由此可見，向大家推銷這項建議有多麼不容易。我規劃的簡報除了必須點明現況之外，也要推斷接下來要走的方向，進而提出替代方案。故事不會好聽到哪裡去，畢竟烤肉醬業務已經陷入泥淖好幾年了。

　　幸好我目標明確地投入一場又一場的計畫檢討會議──這個策略轉變並不討喜也充滿風險，但勢在必行，因此我一定要得到大家的支持。最後我跟我的團隊總算成功說服大家，這項計畫就是烤肉醬業務該走的正確路線。

05

了解聽眾屬性

每個人都是獨一無二的。我們不是機器人，也不是標準化的機械裝置。有些人喜歡番茄，有些人討厭。有些人喜歡與數字為伍，有些人避之唯恐不及。我個人就很喜歡牛仔競技和鄉郡園遊會，我太太就不愛。

厲害的行銷正是以這個簡單的道理為核心。人與人之間有很多差異，所以不可能滿足每個人。如果你想討好所有人，最後很有可能只會做出二流的產品或服務；這種東西或許適合每個人，但沒有人覺得它最完美。也因此你會落入乏善可陳的中間地帶，你的產品只能說還不錯。但可惜的是，在當今這個處處是競爭的時代，東西還不錯是不夠的。

如果想成功，就不能甘於「不錯」，一定要設法出類拔萃，這是產生強大氣場並得到注意的唯一方法。這也表示，你必須鎖定一群有著某些共同特質的人為目標才行。比方說你要做出完美的三明治，就要特別針對肉食者或素食者來開發，抑或針對喜歡洋蔥的人或不愛洋蔥的人來設計。

挑選目標客群並了解他們的屬性，是行銷成功與否的關鍵，也是行銷課的入門課程之一。不過，這也不是容易接受的觀念，因為一般人不喜歡鎖定目標。

做簡報的時候很適合運用鎖定目標觀眾這個觀念。就簡報這件事來說，人的需求都大不相同。同一份簡報要成功打動每一個人的心，基本上是不可能的。誠如心理治療師蘇珊・道威爾（Susan Dowell）所指出的：「觀眾各有不同的見解和互動方式，你必須尊重這一點。設法解讀他們透露出來的線索，並留意他們如何討論事情。」[1]

有鑑於此，在開始設計簡報之前，應當先想一想你的觀眾屬性。光是知道自己要傳達什麼訊息還不夠，也必須了解你要簡報的對象，思考他們的需求是什麼。

簡報就是一種行銷

說到底，行銷的精髓就是了解顧客並跟與顧客互動。當你用行銷的角度來處理事情時，你就會把焦點從產品轉移到顧客身上。換句話說，要探討的不是「我要推銷什麼？」或「我的產品屬性是什麼？」而是思考「我的顧客有何需求？」和「該如何幫助顧客達成目標？」之類的問題。

即便是推銷鉛筆這種基本產品，也能看到思維焦點隨著行銷視角而改變的現象。一般的直覺是談鉛筆本身的特色，比方說提到鉛筆可以用很久、橡皮擦很耐用或顏色鮮明等等。這些全都是很好的論點和顯著的產品特色。

但以行銷角度來看的話，整個重點就變得不一樣了。鉛筆本身不再是焦點，而是改為探索顧客和他們的需求。也就是說，假如我的目標觀眾是業務主管，那麼我大概會說明用鉛筆可以提高生產力或是用好橡皮擦就能馬上擦掉修改很厲害。最後說不定我還會主導對話，探討創新過程中失敗的重要性以及面對挑戰時應具備迅速恢復的能力。

同樣的道理也適用於簡報。你的第一直覺是主攻簡報本身，即端出文字、表格以及想表達的重點。若以行銷角度來看的話，你的

視野就轉變了。我的目標觀眾想看什麼？他們想用什麼方式來看？

清楚掌握目標觀眾

規劃簡報的優先要務之一，就是弄清楚目標觀眾是誰。究竟最重要的人是誰？是蘇珊、麥可，還是愛德華多？

你應該瞄準某個特定人士。因為每個人都不一樣，你如果想同時對好幾個人說話，恐怕會苦不堪言。所以，請找出你覺得應該設法接觸到的重量級人士。

一定會有一個最重要的人，這個人通常最為資深。假如你簡報的對象是漢莎航空（Lufthansa）執行長，那麼你就要以這位執行長為考量。倘若你要對美國總統做簡報，考慮的自然就是這位總統。

有時候會議上最重要的人未必最資深。比方說你正在為公司招募 MBA 新血，那麼主要對象便是這些頂尖新秀。執行長或許也會出席，但不會是你簡報鎖定的目標觀眾。

要是不了解主要對象是誰，就表示很有可能連簡報的目標也搞不清楚。這場會議的目的是什麼？一旦釐清這一點，目標觀眾便呼之欲出。

找出目標觀眾的偏好

　　確實找出簡報的目標觀眾之後，就要著手了解這些人士，找出他們的需求。這在行銷界是很重要的步驟，你若是不了解目標觀眾，會很難跟他們接軌。

　　先想一想目標觀眾有何偏好。他們喜歡用什麼方式看資料？是否偏好某種格式或架構？個人有個人的想法，公司的作風也一樣，因此最好考量到公司文化和一般常態做法。

▷他們對團體的看法為何？

　　人對集會的反應各有不同。有些人喜歡大陣仗團體，有些人卻覺得團體愈小愈好。假如你的目標觀眾屬於那種在大群觀眾裡也怡然自得的人，就可以用這種觀眾很多的形式來做簡報。但目標觀眾若喜歡小團體，最好還是安排只有一小群觀眾的簡報即可。

　　你的目標是讓目標觀眾安心自在，好讓他們能夠專注聆聽、充分溝通。一個在小團體裡面感到最自在的人若是被擺在大團體裡面，只會令他們既緊張又有壓力，開口前想必斟酌再三且小心翼翼。這恐怕很難得到他們的支持，要他們知無不言地提供意見回饋更是不可能。

　　反過來說，倘若你的目標觀眾喜歡大團體的氣氛，他們來到一個只有寥寥幾人的簡報會議大概會覺得有點失望或空虛。他們也許會想，團隊跑哪兒去了？這種小會議有什麼必要嗎？

　　我在卡夫食品碰過兩位截然不同的頂頭上司。其中一位上司很喜歡大型會議，他骨子裡流著藝人的血液。他上班花不少時間講傑

瑞·賽恩菲德的笑話，逗大家開心。這名上司喜歡觀眾的注目，所以每天都會召集團隊，帶大家去吃午餐，並由他領銜把午餐氣氛炒得有聲有色。跟他溝通最有效的方式就是安排一個大會議室，把觀眾塞滿──會議室裡的人愈多愈好。對這種不折不扣熱愛表現的人來說，大型團體可以說給了他另一個發光發熱的機會。

後來我又換了另一位上司，他不太習慣待在大團體裡面。這位上司說起話來很溫和，在有著一大群人的空間裡往往顯得特別低調。對這種人來說，小團體式的討論最有效。如果想贏得他的支持、聽到他發問，會議人數最好少一點。五個人蠻剛好的，六個也還可以，再多的話就不適合了。

▷他們是讀者型還是聽者型？

有些人喜歡用讀的，有些人喜歡用聽的。商業策略師彼得·杜拉克（Peter Drucker）就指出：「一般人甚至不知道有讀者型和聽者型之分，也不知道很少有人兩類兼具。」[2]

這兩者之間有重要的差別。如果觀眾喜歡用讀的，你就應該讓他們有機會可以讀簡報。這表示你應當以先讓觀眾用讀的作為出發點來撰寫簡報。早點把文稿寫出來，讓觀眾有機會先看過再進行討論。

觀眾若喜歡用聽的，你就可以直接做簡報，把提出的建議好好論述一番。面對聽者型觀眾，基本上可以設想他們不會也不想另外再讀文稿。

▷他們信任誰？

大多數人都會有幾個他們既信任又尊敬的人。他們之間也許合作過很長的時間，也許曾經一起打拚成功過，抑或就讀同一間學校。

無論彼此之間有什麼樣的連結，這些工作上的同僚都十分有影響力；他們若是提出建議，通常一定會得到認可。要是他們皺個眉頭或有所質疑，建議恐怕會胎死腹中。因此，請務必找出這些人士，請他們一起來開會。另外，你也應該預先向他們推銷你的想法。若是能贏得這些有力人士的支持，等於為你最終爭取到大家的認同增添了更多籌碼。舉例來說，卡夫食品廣告商的資深主管就深受尊敬，因此只要是涉及到品牌策略與溝通等議題，我們一定會設法讓他們加入。

▷他們的思維模式為何？

每個人的思考方式大不相同。如何切入複雜的議題是見仁見智的事情，因此在撰寫簡報之前，你應該先想一想觀眾會怎麼思考這些議題。

人在思考時採用歸納法還是演繹法就是一種很重要的差別。你不妨先問自己以下這兩個簡單的問題，藉此判斷觀眾的思考模式：他們想先看過資料後再看結論？還是他們喜歡先看結論再來檢討佐證的資料？

倘若觀眾喜歡先看到建議，這時你要是先從資料數據著手的話，恐怕會讓他們心煩。說不定他們會一副坐立不安的樣子，或快速翻閱手上的文稿。他們可能會問你：「所以結論是什麼？」

反過來講，觀眾如果喜歡先瀏覽資料數據，但你一開始就提建議的話，會令他們感到不舒服。他們會覺得你搶著提結論，所以焦急地想看過及研究所有資訊之後，再來達成結論。

　　若是沒留意這其中的差別，就只能等著讓簡報落入痛苦的深淵。你必須掌握觀眾看待事情的方式，以及他們如何思考問題。另外，每個人對細節程度的要求也有所不同。

　　有些人想要看到資訊，而且愈多愈好。這類型的人喜歡的就是那一紙商業統計數據。他們會鑽研這些資料、提出問題並從中找出重要趨勢。

　　如果你的簡報對象熱愛數據資料，你就應該投其所好。只有好標題跟圖表，但資訊少得可憐的簡報，絕對得不到這類觀眾的青睞。一張瀑布的圖片沒有多少附加價值，若非要說有什麼價值，也就是增加觀眾的疑慮罷了。怎麼沒有數據資料呢？你的觀眾一定既不高興又不滿意。

　　話說回來，有些人碰到數據資料就沒輒了。你若是給這類觀眾看滿滿一頁的數字，他們大概會直接跳過看下一頁。說不定放張彩虹圖片反而效果卓著，因為它能生動描繪某種趨勢的威力。對這些觀眾來說，提供大量資訊給他們不只是浪費時間，也會有損你的名聲。我在卡夫食品工作時就有一位上司對數據資料沒耐性。他碰到嚴謹精確的分析型簡報時，往往會給出「是不錯啦，不過你到底要表達什麼概念？不如來談談這些概念吧！」這樣的評語。

了解他們的優先重點

　　人生一定要學會的道理之一就是人人各有煩惱，心裡總是會擔心某些事情。

　　不過我們常常忘了這一點。當你在走廊上看到同事，心裡不免會想：「哇，她真是什麼都不缺呢。最近升了職，上星期又在那個大型產業會議上發言。還有她身材好棒，有全世界最美滿的家庭，她女兒剛進史丹佛讀書。真希望我也能像她一樣有這種完美的人生。我可能嗎？我連一個星期去一次健身房都辦不到！」

　　然而實際上未必是你看到的那樣。這位同事大概也周旋在各式各樣的問題當中，跟你差不多。也許她的健康出了狀況，又或許她被另一半冷落，心裡其實很苦。說不定她對接下來的專案感到十分焦慮。

　　公司裡上上下下每個人都有要面對的挑戰，有需要優先處理的事項，也有各自的疑難雜症。從最基層的辦事員到最高層的執行長，都適用這個道理，只是說他們面對的挑戰、優先事項和麻煩不一樣而已。誠如奇異公司（GE）前執行長傑夫・伊梅特（Jeff Immelt）所指出的：「當你不是負責那項工作的人，工作看起來都很簡單。」[3]

　　因此，你在規劃簡報的時候務必考慮到觀眾的情況。他們的工作重心是什麼？若是能掌握這些要點，就能設計出一個能讓他們有感的簡報。正如勵志型演說家東尼・羅賓斯（Tony Robbins）所言：「我認為準備簡報時要做的第一件事就是必須先了解觀眾，找出他們內心深處的需求、渴望和疑慮。這比任何事情都來得

重要。」[4]

以下就是規劃簡報時要思考的問題。

▷這個主題的重要性為何？

先從思考這個問題開始！主題夠重要，觀眾才會投入。他們會想看更多資訊與細節，說不定也會樂於提供協助。請做好準備。

如果觀眾根本不在乎這個主題，你就要換個方式來處理。他們有可能沒幾分鐘就恍神，所以應該預先準備好簡短一點的簡報。也說不定會出現觀眾起身走人的狀況，這時先想辦法抓住他們的注意力，然後再切入你的建議或要求。

你必須對坦然面對這種情況。簡報對你而言當然很重要，畢竟每次向資深主管做簡報，都有可能讓你的事業發展更上一層樓或向下沉淪。

然而，你覺得很重要的簡報，觀眾未必就會很在乎。舉個例子來說，我在卡夫工作時投入了不少精力去思考 Seven Seas 沙拉醬該有的定價，但卡夫執行長才不在乎，因為他還有其他更重要的事情要處理。

▷他們的目標是什麼？

請一定要好好思考目標觀眾的目標。他們重視什麼？

假如觀眾想看到立竿見影的成效，你就應該強調所提出的計畫有辦法輕而易舉衝高績效。但這項計畫若是有可能影響短期獲利表現，就要有心理準備這會是一場硬仗。

倘若觀眾有必須改變現狀的壓力，就配合他們吧！把你的建議

包裝成一個重新開始的機會。這種情況下很適合用「該是採用新做法的時候了」、「我們得改變策略」以及「目前這個計畫行不通」這類措辭。

▷他們的中心思想為何？

　　企業主管往往抱持著某種特定觀念，這些觀念又化為策略的核心。比方說主管念茲在茲的可能是再造、效率或破壞式創新這一類的事情。你若是能找出他們中心思想是什麼，就可以把你的建議跟這些觀念銜接起來。假設觀眾對轉型很感興趣，那麼你大可在簡報中多多使用「轉型」這個字眼。

　　以前我在一位追求創新與新思維的主管底下做事的時候，我的簡報就會充滿新觀念。也就是說，每回簡報我都會把建議包裝成一次創新之舉。無論是促銷活動、打廣告、包裝設計還是顧客服務，我統統都可以創新。我有全公司最創新的團隊，做了多不勝數的創新之舉。也因此，我的簡報通常無往不利。

　　人質談判專家理查‧米勒（Richard Mueller）就把這種做法發揮得淋漓盡致。據他表示：「我不是用我的言語來說服對方，而是用對方的言語來說服他。」[5]

 ## 考慮他們的觀感

　　你必須想清楚應該從哪裡作為起點。目前目標觀眾對你的情況有什麼認知？他們的觀感為何？

我們講故事給別人聽的時候都是這麼做的——用別人已經知道的事情作為擴充基礎，進一步提供資訊。比方說，假如別人已經知道約翰是你同事，你就不會對他們說「我跟一位名叫約翰的人共事，昨天……」這樣的話。要是別人已經知道你正在處理一個新的大案子，你也不會說「我剛接到這個新的大案子，你們一定不會相信竟然發生了……」。我們會在下意識裡評估談話對象已經知道哪些資訊，並以此作為切入點。

規劃簡報的時候，也要特別留意這個問題。你應當在著手撰寫文稿之前，先掌握好切入點在哪裡。

▷他們知道多少資訊？

請務必好好思考觀眾對某主題了解到什麼程度。倘若觀眾對此主題十分了解，你就不需要呈現太多背景資訊。你大可直接講業界的行話，給他們看附帶說明不多的分析資料。

但如果觀眾對該主題所知不多，就必須改變做法。你在講解時應該深入一點，並斟酌使用術語，碰到各種專有名詞和計算也應多做說明。

一定要把握好這一點。假如你對經驗豐富的人解說很基本的產業資訊，他們一定會覺得又煩又無聊，或許你還來不及談到建議，就已經注定得不到他們的支持了。

反過來說，如果對經驗不足的人講得太快，也會有問題。你的簡報十之八九會把這些觀眾搞得暈頭轉向，使他們更疑惑又不知所措。倘若他們發問太多，一定會拖慢會議，而且會顯得很菜。但如果什麼都不問，又會導致更搞不清楚狀況。真是進退兩難。

要掌握觀眾對資訊了解到何種程度並不容易，你首先必須設身處地，站在他們的角度來思考。哈佛大學教授史迪芬‧平克（Steven Pinker）在其著作《寫作風格的意識》（*The Sense of Style*）中提到「知識的詛咒」，也就是指「很難想像別人不知道你知道的事情」。最麻煩的是，我們往往**不知道**自己到底知道些什麼。平克這樣解釋：「就好比喝醉酒的人根本沒辦法體認到自己已經醉到開不了車一樣，我們不會注意到知識對我們下了詛咒，因為正是這個詛咒害我們沒注意到。」[6]

以下幾個簡單的問題，有助於判斷某主管到底掌握了多少資訊：

- 他們負責這項業務多久了？
- 我們上一次做進展報告是什麼時候，當時談到了哪些內容？
- 這幾個星期以來他們看過哪些報告？
- 他們會聽哪些人的意見？

▷ **他們是否已經有了定見？**

這也是一個很關鍵的問題！假如你準備對觀眾談到某個特定議題，就必須知道他們是否已經對該主題有了既定的想法。這番認知會大大左右著你接下來的做法。

舉例來說，假如觀眾很贊成你的建議，那麼你只要確認他們已經掌握和認同哪些資訊即可。但如果觀眾並不贊成你的建議，你就有一場硬仗要打了。你得設法扭轉他們的想法，爭取他們的支持。

就連簡報的基本架構也會隨著觀眾的看法而調整。假如你的簡報對象認同你，你就應該盡快談到你的建議，他們一定會贊成。拖得愈久才切入重點，也許會讓他們失去耐性。但要是觀眾反對你的立場，這種做法就行不通，你最好把可能的選項都呈現出來，對照各選項的優缺點，以利找出最適合的結論。

先做功課

掌握目標觀眾的想法可不容易，你恐怕得下一番功夫才能摸索出來。換句話說，在簡報之前你應該先做點功課。

想了解某位資深主管的想法，不妨跟他單位上的同仁聊一聊。你可以這樣問：「莫妮卡，是這樣的，我下星期要向安琪拉做新產品上市的簡報，能不能提點一下，跟安琪拉做簡報有什麼要注意的嗎？她喜歡什麼風格的簡報？」

或者你也可以直接詢問這位資深主管。比方說，你若是有機會在簡報之前先跟副總碰面的話，不妨問她：「請問您想從簡報看到哪些資訊？」

這種方法要特別當心。人往往不知道自己要什麼，或他們並不想要自以為想要的東西，或他們自以為想要但其實不想要。這是行銷要面對的難題之一。

因此，不妨請對方舉個例子，這樣就可以更加清楚地掌握對方的喜好。你大可直接問她：「能不能請妳舉個範例，讓我知道妳覺得效果特別好的簡報是什麼樣子？」這樣一來你就能從中抓取一些

可以運用的素材。比方說，這個範例簡報的結構為何？裡面的說明有多詳細？屬於簡短還是偏長的簡報？

也許最好的做法就是好好觀察你的目標觀眾。觀察他們的行為，而不是他們的言語。他們大概喜歡什麼？什麼時候他們會覺得失望和煩躁？他們做的簡報看起來怎麼樣？

想成為出色的簡報講者，就必須了解你的目標觀眾。只要虛心求教，持續觀察、關注與學習，定能助你掌握觀眾的想法。

 撰寫簡報綱要

在製作新的廣告之前，廣告客戶都會寫一份創意綱要（creative brief）。這份文件簡要地摘述了要執行的工作任務。這種文件有很多形式，不過通常會包含目標、目標客群和訊息這一類的內容。

製作簡報的時候也可以依循這種模式。簡報綱要裡面整合了以下幾個重點：

- **目標**：這場簡報會議的目標為何？你之所以要做這個簡報的原因是什麼？
- **目標觀眾**：裁決這場簡報的關鍵人物是誰？你對這位人士的偏好、優先事項和想法有何概念？還有誰也會加入這場會議？
- **形式**：有多少時間可以運用？這場會議在哪裡舉行？

在公司內部還是公司外舉行？

· 其他：有其他應該考量的因素嗎？這個主題是否特別
有爭議？時程是不是很緊湊，所以得在會議上拍板
定案？

簡報綱要的規格大致如下：

圖 5-1　簡報綱要範例

目標	針對天天低價策略取得共識
目標觀眾	雜貨產品部門副總**蘇珊·威林頓**（Susan Welling-ton） · 經常趕場，沒什麼時間，想事先看過文稿 · 有今年度得拿出好績效的壓力 · 很熟業務 · 知道這項計畫，通常也很支持 雜貨產品部門業務部負責人**馬庫斯·歐克戴爾**（Markus Oakdale） · 此策略的強力支持者 · 對財務表現不是很了解
形式	為時一小時，在公司會議室召開
其他	需要在會議上拍板定案 應該請行銷、財務和業務部的同仁做簡報

06

簡報五大要素

每一個簡報都應該包含幾樣東西，也就是基本元素。這五大要素缺一不可，能助你避開很多問題。

🐔 一、封面

簡報一定要有很棒的封面！封面雖然是很簡單的附加頁，卻能大大增添兩個層面的價值。

首先，封面頁可以輕鬆妝點簡報。此頁面能點出你的用心，顯示你花了時間來美化簡報。這個頁面也有畫龍點睛的效果。誠如我凱洛格管理學院的同事克雷格・渥特曼（Craig Wortmann）最近在一門課程所指出的：「奢侈品總是有精美的包裝。」

第二，從實用的角度來看，封面頁可用來知會觀眾，你要開始進行簡報了。開場往往需要一、兩分鐘的時間讓大家進入狀況，這正是封面頁上陣的時機。

封面頁應該包含以下幾個項目。

▷**題目**

也就是指簡報的主題。一般來講，簡報的題目應該反映內容。比方說，如果這場簡報的重點是談定價，題目就應該跟定價有關。

簡報的題目應特別注意兩件事。

第一是「中立性」。別一開始就拿你的建議打頭陣，除非你很篤定觀眾都認同這項建議才可以這麼做。像「進入巴西市場的建議報告」這樣的題目，就把你的觀點表達得太直接了。要是觀眾對這

個想法沒有好感，一定會迫不及待發動攻擊。他們會深吸一口氣，接著開始提出他們的反對意見，也就是進攻巴西市場絕非好事的各種原因。把題目訂得稍微籠統一點，譬如「巴西市場的分析與建議」，就不會馬上刺激到觀眾。你會因此有充裕的時間可以鋪陳你的想法，然後再切入探討可能會有爭議的建議。

第二個考量點就是「隱私」。對於比較機密的簡報最好使用代號，別用實際名稱。商業情報對許多公司來說事關重大，所以直接把題目放在第一頁的話，其實也大大提高了簡報被競爭對手利用的機會。更重要的是，別人也很容易在儲存檔案時用清楚明確的文字來作為檔名，進而導致有心人士輕輕鬆鬆就能找到這些檔案。像「進入巴西市場的建議報告」這種檔名，基本上就已經讓內容呼之欲出。說到用代號，我在卡夫食品工作時，就將新款馬鈴薯沙拉醬上市的專案相關事務取名為「土豆專案」。

▷ 日期

請在首頁打上日期！

日期必不可少，因為簡報通常有很多個版本在組織內流通。眾人為了討論新產品上市案往往會開幾十次會議。比方說以巴西市場擴張專案為題的會議就不知道有幾場，標上日期可以讓人一目了然，知道這是哪一個版本或哪一次的進展報告。

然而，日期是一個很容易被忽略的要素，因為會議本身的日期並沒什麼用處。假如開會的人想知道日期，只要查一下手機就找到了。其實標註日期是為了日後的需要，也就是方便回溯。倘若某一份文件有五個版本，又你想找出其中某個版本的草稿，就可以用日

期來搜尋。

▷署名

很多人都會忘記放入封面頁的項目之一就是製作這份簡報的單位姓名。如果有人問起「簡報是誰寫的？」這種簡單的問題時，你有義務交代清楚。

大公司員工流動頻繁，有些人升遷了，有些人調動職務，有些則離職另謀高就。所以 11 月做某專案的團隊，也許到了來年 3 月，成員就已經大換血了。誰在這個團隊裡面，往往要到做簡報的時候最明朗。不過幾個月過後，情況可能又改變了。

要是知道某個特定版本的進展報告當初是哪些人製作的，你就可以回過頭來詢問他們一些重要的假設性問題。另外，你也可以從中得到一些資訊，了解事情會如何進展。

▷地點

很多簡報都會在封面頁寫上地點。提供地點有助於提供某種背景脈絡，不過並非至關緊要的資訊。舉例來說，我在凱洛格管理學院的簡報多半不會在首頁上特別寫地點，因為絕大多數的簡報都是在埃文斯頓校區所製作的。

二、目的

務必在簡報一開始就陳述目的：大家聚在這裡做什麼？不妨把

這個步驟視為「確認目的地」。這架飛機要飛往何處呢？

以下是簡報可能會有的目的：

- 檢討年度行銷計畫
- 討論最新的業務績效
- 考量新產品的建議

簡報一定有目的！切記，首要之務就是釐清製作這場簡報的理由。倘若你不知道為什麼要開會，一開始就不應該做簡報。不如取消簡報，省下大家的時間。

直接把目的寫在最前面，對簡報講者和觀眾雙方都有利。以講者角度而言，目的奠定了簡報的基礎，更能夠得到大家的關注。對觀眾來說，目的在一開始就明確界定了這場會議的目標。誠如演說家史考特·伯肯（Scott Berkun）所言：「若闡明你的重點在哪裡就要花十分鐘時間，那就太不對勁了。」[1]

三、議程

簡報應該備有議程，這是很簡單的基本原則。議程鋪設了簡報的架構，點明什麼時間點會出現什麼重點，好比簡報的地圖一樣。

議程放在簡報的開端，揭開基本流程。通常議程會重複出現幾次。如果議程有五個項目，那麼這份議程大概會重複出現六次：第一次出現是要讓觀眾看到整個流程，接下來的五次會在你每次介紹

各個項目時出現。進入各個項目的講解時，你可以特別用圓圈或方塊把該項目框出來，指出現在討論的是哪一個重點。由此可見，議程也有「路標」的作用。

之所以要準備議程最主要的原因是，觀眾可以透過議程對何時會探討哪個主題有大致的概念。因此，議程也有著讓觀眾產生期待的重要功能。何時應該可以看到建議？總共會探討幾個項目？觀眾有了這些概念就會放心。演講組織 TED 負責人克里斯・安德森就指出，設定演講的大方向非常重要，「觀眾知道你要前往何處的話，就會更容易跟上。」[2]

千萬別讓觀眾心浮氣躁。觀眾若是沒有先掌握你的議程和流程，一定會焦慮地看著你講解日本這七年來的客訴趨勢分析。

我前陣子參加了一場沒有議程的簡報，問題可大了。會議的表定時間是下午 2:00 到 3:00，講者準時開始。他們把業務檢討講得有聲有色，提出的區隔研究和競爭分析也令觀眾佩服。然而，都到了 2:30，我們還沒聽到講者的建議。

時間接著來到 2:40。我開始有點緊張，心想：「什麼時候才會看到建議？」到了 2:45，我擔心地想：「說不定他們根本沒打算提建議！還是說我搞錯時間了？」到了 2:50，我再也等不及了。我打了岔，向講者發問。

其實講者早準備好合情合理的建議，只是簡報花的時間比預期來得長。結果收尾做得並不理想。大家匆匆忙忙看過建議，簡報草率結束，令人失望。可想而知，這場簡報並沒有達成任何共識，只是說好要再開一次會。

議程對講者來說也是很好用的工具。在撰寫議程的過程中，會

迫使你為簡報設定流程與架構。假如你手上有幾個必須討論的項目，那麼你一定得仔細思考什麼時機點該講解哪個項目。透過撰寫議程這道簡單的程序，可以確保簡報有邏輯又有條理。議程說穿了就是「先從哪一項談起，接著再討論哪一項？」的問題。

有時候你在寫議程的時候會發現這整份簡報恐怕不會成功，比方說項目太多了或流程看起來很奇怪等等。這番體悟幫助很大，如此一來你就不大可能再繼續沿用這個沒效果的簡報。

此外，議程還具有控管時間的功效。當你發現自己在講解第一個項目時花了太多時間，你就會對時間的掌握有所警覺。若是能在會議開始後及早發現這一點，就可以採取因應措施。

議程太長或太短皆不宜。誠如哈佛大學教授史迪芬·平克所指出的：「就跟寫作時所做的每個決定一樣，應該用到多少路標是要經過判斷和折衷的。換言之，路標太多則使讀者苦於解讀而無法前進，太少則導致讀者摸不清該通往何處。」[3]

只有一個項目的議程是不合理的。這意義何在？兩個項目都嫌太少了。若有這種狀況，請將論點拆成幾個項目來討論。

不過也別列出太多項目。一個列有十或 15 個項目的議程是絕對行不通的，真的太繁雜。這樣簡報會塞太多內容，或把事項拆解得太過於瑣碎。

假如你的議程太長，最好考慮把主題分成幾次會議來探討。假設議程有 15 個項目，則可以劃分成三次議程，每次討論五個事項。

🐔 四、提要報告

請跟著我複誦：「我一定會做提要報告。」現在再說一遍：「我一定會做提要報告。」

提要報告之所以如此重要，原因很簡單，因為你的觀眾很忙。不論是職場還是生活上，他們都有很多事情要做，很多問題要煩惱，所以他們的注意力真的很有限。

這表示你可以抓住觀眾注意力的時間非常短暫。大概只有短短幾分鐘，再長一點的話觀眾就會開始分神了。執行長會拿起手機檢查郵件，或者跟旁邊的人交頭接耳。最糟的是，他們會起身走人。

好的提要報告會強調簡報的要點，運用幾個簡單的句子概述整份簡報。更重要的是，提要報告能夠陳述這場會議的精華重點。別忘了史考特・伯肯的建言：「若闡明你的重點在哪裡就要花上十分鐘，那就太不對勁了。」[4]

就多數情況來講，提要報告會把建議包含在內──也就是除了傳達你要探討的事項，也會在前頭就把建議亮出來。

有時候你會碰到可能得把建議往後挪的狀況。這時與其說「我們建議採用 A 計畫」，倒不如用「目前有 A 計畫和 B 計畫兩個選項可以考慮」這樣的措辭。通常如果你知道觀眾不會支持你的建議，便可採用這種說法。倘若執行長支持 B 計畫，但你打算推薦 A 計畫，那麼在討論過程中你應該多加斟酌。也許慢慢把觀眾導向結論是比較明智的做法，若是一開始就開門見山亮出結論，恐怕會激起執行長的防衛心。

從觀眾的角度來講，提要報告大有好處。他們要是認同簡報的

整個大方向，就可以置身事外，把注意力放在其他事情上。倘若有疑慮，也知道該針對哪個地方著手。

提要報告通常一頁即可，上面列出題目以及五、六項左右的條列式重點。因此，你不得不盡量精簡，把簡報最精華的重點濃縮出來。三或四頁左右的提要報告太過於詳細，無法發揮效果。你若是向觀眾解說這麼長的提要報告，反而讓簡報顯得沒必要。

把提要報告放在議程之前或之後皆可。先報告提要往往有不錯的效果，也就是先亮出基本的故事和建議，再告訴大家你會如何循序漸進加以解說。

提要報告和議程應該彼此銜接。倘若提要報告的第一個重點是「我們的業務表現卓越」，那麼合理的做法就是把「業務現況」作為議程開頭的第一個項目，說明目前的業務表現。

在製作簡報的過程中，有些人喜歡一開始就寫提要報告，有些則偏好留到最後才寫。不過就大部分的情況來講，這其實比較像一種循環的過程，你可以先寫草稿，之後隨著簡報成形再回過頭來修改。

 ## 五、總結

簡報必須在堅定的氣勢中結束，最有效的做法就是用強而有力的總結頁來收尾。

若少了這最後一頁，觀眾會搞不清楚簡報做完了，表演已然結束。出色的表演總是會劃下鏗鏘句點。電影結束時，演職員名單會

接著播放；舞臺劇演完的那一刻，幕簾會闔起來；歌手通常把經典歌曲留在結尾，唱完後大喊：「真的非常謝謝各位！東京，我們愛你！」然後他們走下舞臺，燈光隨即亮起。這些動作都是在昭告觀眾表演已經結束。現在絕大多數的會議室都沒有幕簾可拉，你是可以用開燈來表示，但也不會播放演職員表〔儘管這麼做很貼心——文案：約翰・菲利普（Jon Phillips）；財務分析：珍妮佛・辛普森（Jennifer Simpson）；行銷研究洞見：彼得・金（Peter Kim）；午餐：大衛・歐雷利（David O'Reilly）〕。

簡報結束時若少了總結這一頁，那麼講者就會杵在臺前望著鴉雀無聲的觀眾，氣氛尷尬。又或者你會用一些鼓勵性的話來表示結束，比方說「我的簡報告一段落」或「請問各位有任何問題嗎？」

不管前面的簡報做得是好是壞，到了結尾這一頁，請務必好好把握。簡報若進行得很順利，你應該趁機得到每一位觀眾的認同。這個時候一定要直搗黃龍，搞定一切。倘若這場簡報效果不佳，總結頁則是你最後一次機會表達論點，說清楚後續的事項。

一張有效的總結投影片僅會點出主要論點，因此這一頁應該盡量簡短，畢竟這可不是拿來深入解說資訊的時候。千萬別在總結頁上放財務資料或市場研究結果，只要列出你先前談過的主要論點即可。

請切記，總結投影片也不是介紹新資訊的地方。最後一張投影片上可別突然冒出「因此我們提議進行 220 億美元的收購案」這樣的內容，這種時候觀眾都在收拾東西準備離開了。

有些人喜歡在簡報一開始放提要報告投影片，到了簡報尾聲再放一次。這種簡便的做法效果也不錯。

另外一種做法就是以告知下一步行動作為結尾，亦即「接下來會發生什麼事？」這可以有效地銜接簡報和行動。倘若大家在會議上都一致同意接下來會進行三個事項，那麼這三件事就一定有成真的機會。

07

挖掘故事

現在，以實際製作簡報的過程而言，比較辛苦的部分來了。這個階段你開始動手撰寫一頁頁的文稿，彙整投影片，開始編排你的報告。這可不是什麼輕鬆的工作，誠如英國首相邱吉爾所寫道：「必須打穩基礎，蒐集好資料，並提出能撐起結論的假設。」[1]

簡報的精髓就在於「故事」，即依照一個有邏輯的流程把各個觀點和資訊串連起來。要找出這個流程並非易事，但以簡報來講，這堪稱是最重要的步驟。溝通教練卡曼・蓋洛（Carmine Gallo）指出：「若你想憑氣勢、說服力和魅力來推銷觀點，那麼第一個步驟就是要創造故事——即情節。這個步驟的成功與否，決定了你是出色的溝通者還是泛泛之輩。」[2]

簡報若是有了強大的流程，便可發揮很棒的效果。頁與頁之間的銜接合情合理，給人自然又順理成章的感受。提問紛至沓來，但也都能得到解答。觀眾一路跟隨，點頭稱是。簡報有如信手拈來，為你推銷建議大大助攻。誠如心理學家丹尼爾・康納曼（Daniel Kahneman）所指出的：「當人處在認知放鬆的狀態下時，多半心情會很愉快，這時見什麼愛什麼，聽什麼信什麼，憑直覺行事，覺得當下的一切熟悉得令人安心。」[3]

反過來說，以薄弱的流程所串成的簡報難以發揮成效。頁與頁之間的銜接顯得牽強，簡報感覺很凌亂。觀眾看到這種簡報不是忙著找資訊，就是往前或往後翻查文稿。

確立適當的架構才能造就強而有力的簡報，就跟蓋房子一樣，結構正確是蓋好房子的關鍵。《金融時報》（*Financial Times*）專欄作家山姆・利斯（Sam Leith）指出：「如果你打算用書面文字、簡報或者是透過正式演講來說服觀眾，你一定得特別關注架構

這個課題。」[4]

　　挖掘故事並不容易。人生很複雜，業務上要面對的問題同樣也有多重面向，需要處理的資料量十分可觀。唯有好好下一番功夫，才能夠將複雜的情況化為簡單的故事。

做簡報如同說故事

　　要替簡報找出流程，最佳做法就是把簡報當成故事來看待。當你抱著這種心態，你簡報的就不是資訊和數據，而是把有關這項業務的故事說給人聽。

　　人天生就很會說故事，這件事人類已經做了好幾千年。TED 負責人克里斯・安德森表示：「就讓講者帶領你踏上旅程吧，一步一步向前邁進。多虧人類有數千年圍坐在火堆旁聽故事的經驗，把心智鍛鍊得十分擅長循線追蹤。」[5] 簡報專家南希・杜爾（Nancy Duarte）也持相同看法，2011 年她在 TED 演講中提到：「故事架構具有某種神奇的魔力。」[6]

　　有了好故事，一切便順理成章。重點與重點之間無縫接軌，一脈相連地發展下去，聽起來扣人心弦。

　　請參考一下這個故事：

　　　你聽說昨天的事情沒？彼得上學快遲到了，所以在大街上開快車。他拐個彎轉進聯合街的時候，被一個警察看到。彼得竟然沒有停下來，反而加速揚長而去。很瘋對吧？

他沿著聯合街一路開，接著一個急轉開到愉悅大道上，沿著學校向前駛去。警察就追在他後頭，不停地閃燈，所以他想辦法抄近路，從購物廣場開過去，結果卻被另一名警察攔住。他遭到逮捕，麻煩大了。不知道他現在該怎麼辦才好！

這個故事聽起來合情合理，先用引言作為開場，接著鋪陳情況。事件依序發生，句子之間相互銜接，連成一氣。資訊也十分充足，沒有隨機又不相干的事實。換言之，這是一個很有說服力的故事。

接下來再看看這個故事：

彼得今天開車上學。我想他應該是開他父親的老別克。你還記得那輛老車嗎？那輛藍色的車到處都是刮痕，我上個月還坐過，我們好像是開車去吃午餐什麼的，應該是去溫娣漢堡。你不是也喜歡它家的漢堡嗎？彼得上學遲到了，所以開得很快。要是我的話，我通常會盡量保持在速限內，免得吃罰單。你被開過罰單嗎？我上星期就被開了一張，100塊美元就這樣飛了！實在很悶，因為我真的繳不起罰款，尤其是我的離合器踏板又快壞掉了。你知道修這種東西要花多少錢嗎？警察看到彼得超速，就一路追到學校。這星期六的足球賽你覺得哪一隊會贏？

一樣的故事，只是這個版本的流程很零碎。裡面有很多隨意又凌亂的不相關資訊，令人對這個故事的方向或焦點一頭霧水。究竟

這故事要表達的重點是什麼？這根本稱不上是個故事。

找出流程

運用以下幾個方針，有助於你挖掘故事。

▷**先從找出重點開始**

第一步是先找出重點。你想讓大家了解什麼事？就多數情況來講，這些重點也跟你的目標息息相關。

在這個階段應以重要論點為準，不必管細部資料數據。舉例來說，「銷路成長快速」就是重要論點，「銷路提升 7.8%」則較為局部，非現階段所需。後面的步驟會用上這種具體的資料數據來支持你的論點，到時你也需要補充圖表，但現階段先不必處理這些資料。

勤業眾信（Deloitte）前行銷長強納森・寇帕斯基（Jonathan Copulsky）點出了簡報的縱向與橫向邏輯之間的差別。橫向邏輯是頁面之間的流向，縱向邏輯則是指各個頁面的架構。在抓出故事軸線的過程中，應專注於思考橫向邏輯。等到整份文稿底定的時候，再來煩惱各個頁面上的細節。

此階段的目標就是找出重點安排的正確順序。請切記，各個重點的流向最終一定要能夠銜接到你所提出的建議。

▷界定起點

　　首先要解決的問題是「起點」。簡報應該從哪個立足點開始？這是一開始就要先釐清的問題之一。誠如南希·杜爾所言：「簡報的開頭一定要先確立現狀，也就是告訴大家現況如何、目前發生了什麼事。」[7]

　　在大多數的情況下，最好別把起點回溯得太遠。假如你簡報一開頭就說「1972 年這項業務表現良好，無論在市占率、收益和獲利全都有相當亮眼的成長」，那麼接下來的工程可就龐大了，因為你得把業務從 1972 年到現在的發展都講個清楚。除非目前碰到的狀況確實根源於 1972 年那麼久遠以前，這個有憑有據的起點是你唯一可以切入的地方，否則應該從目前的狀況或不久前說起。

　　起點應當以你的目標觀眾為準。假使你要向執行長做簡報，就要先思考一下他們已經知道哪些背景資訊。你上次跟執行長碰面時都談了些什麼？當時他們接收到哪些資訊？

　　倘若你每週都會報告業務的最新進展，那麼故事就不該從三年前講起，因為你早就已經講過那個部分，所以不必重頭再來一遍。

　　但要是目標觀眾對你的業務所知甚少，這時先提供一些過往的資訊則有助於大家對目前狀況有個大致的概念。

　　特別要注意的是，觀眾也有可能把你上次開會談過的事情忘得一乾二淨，或需要人提點一下。當今大多數的企業主管每天都得面對各種資訊和報告的轟炸，有時難免想不起來某業務發生了什麼特定狀況。若碰到這種情形，只要迅速提點一下，你就會有一個很好的開始。仔細觀察觀眾的反應，他們若是已經掌握了狀況，就可以繼續進行你的簡報了！

▷解答理所當然會出現的問題

簡報從起點到結束應有通暢的邏輯脈絡。想想看，理所當然會出現哪些問題？舉例來說，你如果在簡報一開頭就說「我們在 4 月推出新 948 聚合物」，自然就會衍生出「它表現如何？」或「我們該怎麼支援這個產品的上市？」

換句話說，最源頭的問題會觸發整個簡報的流動，因此一定要仔細斟酌。諸如「去年這項業務的表現十分搶眼」、「第三季的業績令人擔心」或「數位平台的成長速度驚人」之類的陳述，都會開啟不同的故事。

▷別列清單

故事不是清單，這一點務必謹記在心。你的目標在於如何從這個重點導向下一個重點，而不是帶著大家瀏覽一大串資料數據。

列清單很簡單，但這種東西不會讓人產生深刻印象。一般人隨手就可以寫出十件事項。不妨用「我喜歡的十樣食物」、「我去過的六個度假地點」和「我害怕的事物」這些主題列個清單，相信你會寫得洋洋灑灑。但可想而知的是，若把這種清單拿給別人看，他們多半過目即忘。

故事比起來則威力強大又好記，但沒有列清單那麼容易。編劇羅伯特・麥基（Robert McKee）就指出：「要聰明人坐下來列清單不是問題，但用故事來說服別人恐怕就難了。」[8]

🐔 兩大技巧

發想故事的方法有很多種,其中最常見的就是「先說再寫」和「故事板」這兩大技巧。

▷先說再寫

有一個最簡單的方法可以找出「敘事流程」(narrative flow),那就是直接說故事給別人聽,再把故事寫下來。

這種途徑所憑藉的道理,就是人類說話的能力本來就比書寫來得強。說話是一種本能,幾乎每一個人都會說話,也會說故事。達爾文(Charles Darwin)特別注意到這一點,他指出:「人類天生就很愛說,從嬰兒時期牙牙學語就看得出來,但沒有哪個孩子是天生愛烘焙、釀酒或寫作的。」[9]

人在說故事的時候,會接二連三提供資訊,這便是簡報的架構。簡報若是愈像平常的對話,它的效果就愈強大。作家傑佛瑞·詹姆斯(Geoffrey James)十分認同先說再寫的概念,他指出:「簡化溝通的祕訣就在於『怎麼說就怎麼寫』。從我的經驗來看,一般人也總是說得比寫得清楚。」[10]凱瑞·林寇維茲(Cary Lemkowitz)也在其著作中推薦這種途徑:「把觀眾當作孩子,說故事給他們聽。」[11]

先說再寫有很多做法。比方說記錄自己說過的話,也就是先把故事從頭到尾說一遍,之後再把講過的內容都寫下來。另一種方式是說故事給別人聽,由別人依序記下重點。這兩種方式的效果都不錯。

▷故事板

另一個鋪陳故事最佳途徑就是開發故事板，也就是一種標出各頁面在簡報中如何依序展示出來的程序。

只要準備一張紙，在上面用幾條線畫出九個方格，就能創造故事板。每個方格代表簡報的每一個頁面。你也可以在電腦上製作這些方格。畫出來的方格如下：

圖 7-1

接下來請在每個方格的頂端寫上頁面標題，也可以在方格下方針對該頁內容稍加說明。有些方格上有標題下有長條圖，有些則寫了標題再加上幾個條列重點。通常只要寫上標題就有很棒的效果，不必在意錯字或格式方面的問題。

填好後的方格如下：

圖 7-2

填寫內容的時候用鉛筆最方便，只要擦掉某個標題，重新在另一個方格裡寫上，就能輕鬆調動內容的位置。我個人在發想故事時不用電腦來操作。基於某些原因，我覺得用電腦比較不好調動內容。溝通教練卡曼・蓋洛也持相同看法。他寫道：「無論你用白板、書寫簿還是便利貼來規劃故事，先花一點時間手寫，然後再轉成數位會比較好。」[12]

　　寫故事板的時候別在頁面上放入太多細節，寫個大略即可。以圖 7-2 來說，有些頁面只有寥寥數語，這樣的話比較方便調動頁面，畢竟不用擦掉很多東西重寫。況且，方格裡面內容不多的話，不管是刪除頁面或寫滿內容你都不會覺得心疼。

　　很少有人能一次就成功訂下故事軸線，基本上還是會先抓個大概的故事，後續再來修改。

　　撰寫簡報比較辛苦的地方就在於此。有些主管可以花好幾個小時寫簡報流程、把各事項調來調去並辯論流程的好壞。

架構選擇

　　簡報的架構有很多種，並沒有一套固定的格式，就像不會只有一套說故事的方法。誠如史迪芬・平克所言：「組織素材的方法很多，就跟你可以用各種方法來說故事一樣。」[13] 該怎麼組織簡報須依你要提出的建議、資料數據和目標觀眾來考量。

　　以下架構是很多簡報所採用的形式，大大有助於你鋪陳故事，從中找出流程。

▷時序架構

按照時間順序——也就是從某事導向到下一件事——來規劃簡報是最簡便的方法。把某個時機點作為起點,接著依序向前發展。時序架構的流程會以你提出的結論或建議為終結點。

整個流程的走向大致如下:

- 我們在 2015 年推出新款熱熔膠。
- 目標是藉由加進大有可為的產品類別來刺激獲利增長。
- 我們在行銷方面投入大筆投資以支援產品上市。
- 2015 和 2016 年的成績超乎預期。
- 有鑑於此,我們於 2017 年擴充該產品線,增加兩種新品項。
- 新品項反應熱烈,造就 2018 年業績持續成長。
- 為了進一步刺激成長,我們建議推出另外兩種新品項。

利用這樣的架構循序漸進解說目前的狀況和背後緣由,就等於是在說故事了。

此架構的魅力在於淺顯易懂,一般人可以很自然地吸收理解。另外,這種途徑也營造出戲劇性,其故事流向能引起觀眾共鳴。

時序架構的難處則在於容易迷失在細節中。這個架構會讓人忍不住想把業務上碰到的各種曲折都加進去,但這些資訊大部分都不相關也不重要,所以一定要嚴守無關資訊必刪的原則。

▷正反架構

人類自古以來就很愛辯論，這算是人類溝通的主要方法之一。辯論時通常會聽到兩面主張，即一人支持某議題的這個論點，另一人則支持另一種論點。

正反架構也是一種不錯的簡報架構：這種做法是先樹立辯論的主題，接著探索兩邊的論點，最終再導向你的結論。

此架構的走向大致如下：

- 今天我們要討論的是推出兩種新產品。
- 應該推出新品項的幾個有力理由如下：
  - 這些產品可以滿足未被服務到的客層。
  - 產品上市能激發顧客興趣。
  - 應該能提升財務表現。
- 一些值得關切的地方，即不該推新產品的理由如下：
  - 開發新品項會占用研發資源。
  - 競爭對手可能會猛烈反擊。
  - 會增加業務部的麻煩。
- 綜合正反兩面的理由，我們相信論據是支持推出新產品的。

此架構的優勢在於它既簡單又焦點明確。倘若你要探討的主要問題只有兩、三種可能的結果，這種途徑可以說特別好用。但如果情況詭譎不定，節外生枝的可能性很高，就不適合用這樣的架構。

正反架構的難處在於論述時必須小心斟酌。假使把反方論點講

得太好，一不小心就會變成你其實是在勸觀眾反對你的建議。如此便適得其反，不但沒取得共識，反而強化了正反之爭。有些人不喜歡用這種架構，部分原因也在於此。請謹慎運用！

▷問題解決架構

此架構的做法就是先提出議題，再呈現解決方案。芭芭拉・明托（Barbara Minto）其著作《金字塔原理》（*The Pyramid Principle*）中把此途徑稱為「情境—衝突—解方架構」；先以不會引起爭議的陳述作為開場，接著點出中心議題或潛在的問題，然後著手討論如何加以解決。[14] 此架構的絕妙之處就在於開門見山、直接切入重點。它營造了迫切性，特別是如果你能慷慨激昂地發表議題的話，會有加乘效果。

此架構的流向大致如下：

- 我們的熱熔膠業務表現一向不俗。（情境）
- 目前面臨幾個重大挑戰。（衝突）
  □ 此品類的發展平平。
  □ 我們的市占率穩定。
  □ 因此我們的成長趨緩。
  □ 這種趨勢短期內很難改變。
- 為解決此問題，建議推出兩種新品項。（解方）
  □ 新產品可以填補市場缺口。
  □ 新產品會活絡我們的業務部。
  □ 這項行動能解決成長瓶頸。

問題解決架構堪稱是最直接的簡報方式——強調問題或機會所在，再針對該問題提出解決的因應之道。這種方法可以有效呼籲觀眾採取行動：假如導入的情境確實令人十分憂心，就會驅策觀眾有所作為。

注意開場和結尾

我一直都認為簡報跟搭飛機有點像。

搭飛機基本上分為三個部分：起飛、飛行和降落。起飛和降落是搭飛機過程中最危險的階段，飛機離地面很近是原因之一。飛機在約 1 萬 1,600 公尺的高度飛行時碰上一點亂流並不是大問題，因為飛機會隨著亂流顛簸，只有非常嚴重的亂流才會造成重大危險。不過如果起飛的時候遇上亂流，問題就比較大了。假使飛機離地面只有 9 公尺，那麼一下子往下掉 15 公尺絕對不是開玩笑的事情。

有鑑於此嚴重性，機長在起飛和降落期間一定會特別小心。換句話說，當飛機在跑道上奔馳的時候，你通常不會看到機長從駕駛艙出來找咖啡喝，也不會在飛機進場降落時看到機長跟空服員哈拉。不過在飛行途中情況就大不相同了。機長會四處走動，他們會利用這段時間用餐、喝咖啡，我想他們也會聊一聊週末要怎麼過，計劃一下飛抵目的地後的短暫停留要做些什麼才好。

簡報同樣也可以分為起飛、飛行和降落這三個部分。起飛是指簡報開始後的五分鐘，這時你才剛開場而已；飛行的部分則是指大部分的簡報時間；降落就是總結。

簡報就跟搭飛機一樣，起飛和降落是最關鍵又最危險的部分。會議的開場事關重大，因為你的簡報由此定調。最重要的是，開場會大大影響你的氣勢。倘若一開場就很順利，你就會很有把握，心情也會很穩定；這會激勵你勇往直前，觀眾也會很放鬆。反過來說，開場若匆忙又草率，你的氣勢很快就會消失殆盡。你可能會因此感到緊張不安，最糟的是，觀眾也許會覺得這整場簡報根本不值得相信，所以無論你說什麼他們都充耳不聞。

因此請務必以此見地來建構簡報。開場的部分應該先呈現輕鬆的資訊。這個階段不適合發表有爭議的陳述或複雜的分析資料，最好提出觀眾能理解又認同的內容。或許你可以大致說明前一次討論所達成的共識，或是給觀眾看他們知情的業務績效——也就是符合普遍認知的資訊。

開場時介紹熟悉且較為輕鬆的內容，可助你得到觀眾的認同，使觀眾進入狀況。當你進入簡報主體，你又有衝勁並取得有利位置時，便能夠開始對付比較複雜和棘手的內容。換言之，到了簡報的核心階段，你就有辦法處理難纏的問題。

結尾的重要性不亞於開場。簡報做得再出色，要是到了結尾出了岔子，也會變得毫無影響力。因此，最後幾張投影片最好簡單處理。千萬別在簡報要收尾的這一刻，提出難以消化的建議。這樣做很有可能弄垮整份簡報，說不定也會激怒觀眾，好像你故意留一手，把這項資訊擺在這麼後面才講。結尾時應當以取得共識為準，為下一步行動定下方向。

修改、重寫與精簡

　　構思一個合理的故事並非易事，必須一再修改、檢查流程，才能打造緊湊的流程。商業領導力教練史蒂佛·羅賓森（Stever Robbins）建議先把粗略的版本改到完備為止，他認為：「一直寫下去就對了。的確，句子會寫得很零碎，字也會寫錯，邏輯也不連貫。這些都沒關係，之後都可以修改。」接著要做的就是重寫整份簡報：「從最上頭開始一直往下，全部推翻。剪下、貼上、重寫。縮短、加長、修飾文字。」[15]

　　經驗老到的主管就十分了解重寫與修改的必要。吉姆·基爾茲（Jim Kilts）擔任過卡夫食品、納貝斯克和吉列（Gillette）等公司的執行長，對於重要的簡報他會修改50、60次才敲定最終版本。奇異公司執行長傑克·威爾許（Jack Welch）則把雕琢故事這種苦差事當成吃補：「每次碰到財報法人說明會，我一定會跟財務和投資人關係團隊花好幾個小時把一張張表格寫了又撕、撕了又寫。」[16]

　　擬定流程的時候，請從以下幾個問題來考量。

▷這一頁是必要的嗎？

　　原則很簡單：假如不需要簡報的某一頁，就應該把它拿掉。每一頁都該有它的功能，同時又有益於整個故事才行。

　　一般而言，簡報簡短一點效果更好，因此沒必要的內容都該刪掉。這一頁如果沒有重點，拿掉它吧！這項資訊若是對本次討論沒有幫助，也拿掉它吧！別浪費觀眾的時間。誠如廣告主管鮑伯·雷克（Bob Rehak）所指出的：「請尊重讀者的時間，讀者或許會更

感興趣。」他的建議是：「不斷精簡你的論點，直到該論點一目了然，精闢到沒有一個贅字。」[17]

不過也別過於精簡，你仍然需要足夠的頁面才能清楚又有邏輯地傳達資訊。有些狀況下，簡報長一點效果會更好。比方說你要解釋比較複雜的分析資料，這時就該一點一點慢慢介紹。

別太執著於頁數的多寡，硬要設定寫多少頁是無意義的。

▷這一頁的素材會不會太多？

簡報最常見的問題之一就是凌亂。單一頁面有可能放了長條圖、一串條列式重點，再加上一個四格象限圖。這種頁面效果很差：重點到底是什麼？讀者應該把目光放在哪裡？

每一頁簡報都應該只有一個重點，也就是呈現單一概念，並輔以資料數據或視覺化圖表的佐證。要是光一個頁面就有多個重點，最好拆成兩頁或更多頁面。

寧可頁數多但脈絡連貫，也比頁面少卻雜亂無章要強。換言之，清爽簡明的 20 頁簡報，遠勝過雜亂無章、無故事或流程可言的短短四頁。

在單一頁面上同時放入幾樣東西並無大礙，譬如你就可以把折線圖和三項條列式重點擺在一起。但關鍵在於這些東西傳達的資訊是否相互呼應。也就是說，這些資訊之所以擺在同一頁的原因必須一目了然才行。

▷頁與頁之間是否連貫？

一個好的簡報，頁與頁之間一氣呵成，從頭到尾都給人順理成

章的感覺，就像在說故事一樣。如果你一開頭說「我週末玩得很開心」，接下來你理應會說「我去看了電影」，然後提到「我看的是《神力女超人》（*Wonder Woman*）」。這是一場對話合理的呈現方式。

以簡報來說，也十分需要這樣的動能。倘若這一頁的重點是「銷售額去年上升 18%」，那麼下一頁就該解釋上升的原因。假使這一頁描述了你去年為新產品開發所投注的心血，下一頁就應該是檢討開發成效。

有一個辦法可以測試流程是否合情合理，那就是問問自己觀眾若是看了某頁內容之後，接著會想知道什麼資訊。比方說，觀眾看到「我們擔心會有利率上升的問題」這樣的內容，接著他們理所當然會想知道為何需要擔心，或利率可能上升多少。

▷我可以導出結論嗎？

你最終一定要談到建議，並加以佐證。提出一連串有意思的論點有助於吸引觀眾投入，但最後若是沒有切入真正的重點，就不算成功的簡報會議。

有鑑於此，當你在審視簡報的流程時，務必檢查該流程是否確實走對了方向。這份簡報能否順理成章帶到我的建議呢？

簡報若能一氣呵成走到建議這一塊，最是理想。這種情況下，你提出的解決方案看起來就是一個不作他想的選擇，觀眾腦海裡也會出現「這還用說嗎！用別種方案才奇怪！」的念頭。

▷各頁面是否彼此獨立又互無遺漏？

建構簡報時要特別注意的是，論點與論點之間應該 MECE。MECE 這個英文縮寫是顧問公司在擬定建議時經常用到的詞彙，原文是「mutually exclusive, collectively exhaustive」，即彼此獨立、互無遺漏的意思。這兩件事缺一不可。

「彼此獨立」（mutually exclusive，簡稱 ME）是指每一頁的重點都不同。別反覆講同樣的事情，顯得多餘又讓人心煩。舉個例子來講，既然你已經說了「我們的目標客層是住在郊區的足球媽媽」，那麼接下來就別再說「住在郊區的足球媽媽是重要的目標客層」。這根本是在鬼打牆，不但沒必要，也會把簡報弄得又長又繁雜。

「互無遺漏」（collectively exhaustive，簡稱 CE）也很重要，意指簡報應具備完整性，必須囊括到所有重點。假使有重大議題，簡報就應該加以處理。

下功夫琢磨

這個階段會花上很多時間，進展卻很有限，往往讓人覺得灰心，讓你寫不了幾頁內容，也改不了幾張表格。你心裡或許會想：「我花了五個小時的時間竟然連一頁都寫不完，眼前還是只有一堆便利貼。」

別洩氣！創造一個精采的故事本來就很花時間，但這些心血一定會換來加倍回報。一個效果強大的流程，必能為簡報奠定成功的基礎。

08

設計簡潔頁面

定下整份簡報的架構之後，便可著手撰寫實際頁面。這是訴諸文字的階段，即書寫標題並添加圖表。

切莫心急

一般人都愛這個階段，因為到此才感覺到真正有了進展。看著一頁又一頁的內容逐漸成形，這是具體的產出。

很多人會忍不住想直接跳到這個階段，畢竟撰寫內容讓人十分有成就感。要是能寫完 15 頁 PowerPoint 投影片，完成簡報看來指日可待。這是重大進展啊！

但千萬別衝動。

除非已經掌握住簡報的整個流程，否則別輕易開始撰寫文稿這項任務。頁與頁之間必須脈絡連貫，而每一張投影片就像一小片拼圖一樣。這表示只有在清楚知道每一頁內容如何配合流程，你才能寫出最有效果的頁面；換言之，你必須對頁面之間的前後連貫瞭如指掌。

撰寫有力的標題

頁面上最重要的元素就是標題。標題是陳述主要論點的地方，必須清楚又俐落。標題下得好，這一頁才能發揮它的功用。

通常在構思整體故事的階段，大致上就已經草擬了初步標題。

假如你採用的是故事板的做法，想必也寫了一份初稿。那麼在建構頁面的同時，你應該回過頭來重新審視初稿。想一想這樣措辭對嗎？這種文風可行嗎？前一階段往往只抓個概念，但現階段要做的是把概念化為效果強大的標題。

請特別留意標題之間是否銜接流暢。把所有標題從頭到尾看過一遍，有助於檢驗簡報是否通順。這些標題若能串連成自然不做作的故事最是理想，這表示只要看標題，就能讀懂整份簡報。

▷ 寫成句子

好標題會把結論或主要論點陳述出來，不會只點出該頁的內容。有主詞、動詞的完整句子是最理想的標題形式。另外標題也應含有主要論點。另外要特別留意，你是在說故事，不只是傳達資料數據。

以下標題就沒什麼增值效果：

- 各區域銷售額
- 顧客區隔
- 獲利趨勢
- 淨推薦分數（Net Promoter Score）
- 新產品開發的門徑管理流程（Stage-Gate Process）最新進展
- 各季業績

以上其實都是不錯的資訊，但並非富有成效的標題。從「各區

域銷售額」這幾個字看不出任何重點。就當作這些資訊很精確好了，但它的重要性在哪裡？這張頁面的論點是什麼？「各區域銷售額」要表達的是什麼訊息？

「各區域銷售額」這種標題顯示出你只是在呈現資料而已，基本上是浪費時間。何苦要做簡報呢？不如把表格印一印，發給大家自己看，或直接傳表格給他們算了。

光是呈現資料數據貢獻不了多少價值。最麻煩的是，大家說不定還會對資訊有不同的詮釋，發生這種情況恐怕就不妙了。你的目標是推銷某項建議，所以應該設法主導觀眾看待情況的角度，引領他們認同你的結論才對。

一份好的簡報會善用綜合分析。你不只是給別人看資訊而已；你必須賦予這筆資訊意義，加以運用，並將它塑造成有力的論點。現在這個年代的資訊太氾濫了，沒有人需要純粹只有資訊的簡報。

請用標題展現你的論點。觀眾必須在乎的原因是什麼？上述標題只要改寫成如下說法，就會變得更有價值：

別寫「各區域銷售額」，
請寫「西區對我們的業務非常重要」。

別寫「顧客區隔」，
請寫「『急切的消費者』客群是我們的主要目標」。

別寫「獲利趨勢」，
請寫「去年我們的獲利大幅成長」。

別寫「淨推薦分數」，

請寫「我們的淨推薦分數一直上升」。

把標題寫成一個有主詞、有動作的句子，此舉可確保各個頁面都有一個重點。

▷限制在兩行以內

標題宜短不宜長，一或兩行的標題最理想，這種長度好讀又好懂。

再長一點效果就大打折扣了。比方說三行的標題就真的太長，部分是因為在視覺上三行的標題並不好讀。更重要的是，標題會寫到三行就表示並沒有真正摘述重點，還是必須再加以濃縮。

太長的標題最好重寫並精簡之。只是把字體縮小或改變字型不能真正解決問題，況且各頁面的字體大小和字型最好要一致。你要做的是濃縮再濃縮。

有時標題很長意味著該頁面的資訊過多，這時把內容分成兩頁或可解決問題。比如「四個區域當中有三區的銷售額下滑，東區因配銷得當及銷售覆蓋率擴大而有所增長」這個標題，能直接拆成兩頁，標題分別定為「四個區域當中有三區的銷售額下滑，僅東區增長」和「東區因配銷得當及銷售覆蓋率擴大而有所增長」。

▷保持平行結構

簡報每一個標題的結構應該一致，所有標題要是都能寫成簡短的句子，最為理想。

保持平行結構有助於確保整份簡報發揮功效，也會讓簡報看起來既精緻又專業。舉例來說，下列這組陳述句就寫得很好，每一句都很完整，從中也看得到平行結構：

- 去年銷售額急遽下滑。
- 購買率衰退導致銷售額下滑。
- 雖然購買率衰退但滲透率仍維持穩定。
- 我們可以推測購買率衰退跟每次購買量減少有關。

標題結構不一致，會產生簡報讀起來不連貫的感覺。簡報若缺乏平行結構，便顯得粗糙。舉例來說，以下這組句子及其用字遣詞就很凌亂，少了一致的結構或形式：

- 年度銷售情況。
- 銷售額因為購買率衰退而下滑。
- 顧客滲透率成長中。
- 各區域收益情況。
- 我們可以推測購買率衰退跟每次購買量減少有關。

這種標題讓簡報讀起來不夠俐落。

▷善用轉折語氣

善用轉折語句和措辭可以生動地串連各個頁面。比方說「因此」、「另一方面」和「除此之外」這些說法都能強化整體流程。

請切記，所有標題銜接起來之後應該形成一個完整的故事。

以下標題的走向就十分順暢：

- 去年我們的銷售額成長 8%。
- 然而獲利卻衰退 9%。
- 主要難關在於變動毛利下滑。
- 毛利下滑肇因於產品成本增加。
- 以及勞工工資暴漲。
- 因此當務之急就是降低成本。

每一個標題依序發揮各自的功能，一路下來又有轉折語氣銜接重點。誠如《數位時代的商業寫作》（*Business Writing in the Digital Age*）作者娜塔莉・卡納沃爾（Natalie Canavor）所指出的：「轉折語氣用得好可以建立連結，將各環節串連起來，並強化論點的邏輯。」[1]

▷別用被動語態

別用被動語態寫標題！這個原則整份簡報通篇適用，尤其撰寫標題時更是要特別留意。

當承受動作的對象變成主詞時就會出現被動語態，以下列舉幾個範例作為參考：

主動語態：「我們推出了新品牌刮鬍膏」。

被動語態：「新品牌刮鬍膏推出了。」

主動語態：「我們提高了 22% 獲利。」
被動語態：「獲利提高了 22%。」

主動語態：「我們的主要競爭對手推出了新的廣告宣傳活動。」
被動語態：「新的廣告宣傳活動推出了。」

　　請務必以主動語態撰寫標題，別用被動語態。被動語態的標題有三個缺點。第一是缺少活力，聽起來很平板，沒有展現出熱切感。像「價格策略改變了」這種句子沒辦法激起大家的好奇心，但改成「我們改變了價格策略」效果就好多了。

　　第二個缺點是被動語態的寫法不明確，這是因為沒有主詞的關係。究竟是誰推出新廣告宣傳活動？是誰調整了價格？這件事是自然發生的嗎？把主詞寫出來才一清二楚。

　　第三個缺點則是被動語態的寫法迴避了責任歸屬。比方說，你要是寫「新品牌刮鬍膏推出了」，表示你把自己從這個動作中抽離，不必扛起責任。

　　然而資深主管要的是大家都能當責。用被動語態寫標題透露出你沒有影響力，事情是自然而然發生的。南科羅拉多大學語言暨領導力教授詹姆斯・何莫斯（James Humes）寫過數本語言方面的著作，他指出：「被動語態是一種『明哲保身』的心態，並非領導人物會有的口吻。想閃避責任的官僚才會使用被動語態。」[2]

　　在我班上的 MBA 學生經常用被動語態書寫。這種措辭方式顯然給人一種既嚴肅又慎重的感覺。請特別留意這個問題，盡可能避

開被動語態。誠如何莫斯所言：「有些企業主管特別喜歡被動語態，因為這種語態措辭迂迴，聽起來比較複雜，他們認為可以增加自己的權威感。這是大錯特錯。」[3]

直接使用人稱代名詞就好。《金融時報》專欄作家山姆・利斯表示：「講話語氣客觀未必會讓你看起來更顯赫或更重要，但如果用「我」、「我們」或「你」這樣的人稱，反而會因為直接且口吻帶有個人名義而有加分效果。」[4]

加入支持論點

標題定好之後，接下來的工作就是提出支持論點。所謂支持論點是指能佐證標題，使該頁文稿具有可信度與氣勢的資訊。TED 負責人克里斯・安德森對此佐證過程有這樣的描述：「利用真實的案例、故事和事實根據來充實你提出的每一項重點。」[5]

支持論點包含了表格、圖形、插圖、條列式重點和圖片等等，各式各樣的素材都可以用來佐證簡報標題。

就多數情況來說，你差不多已經掌握了頁面大致要講的內容，因為在發想故事板的階段，你大概擬好了粗略的圖表或寫下一些支持論點。

請特別留意你提出的理由是否有力。換言之，你提供的資訊必須能夠佐證你的論點。倘若標題說「我們可以減少 8% 的行銷支出」，那麼接下來你就應該呈現具有十足說服力的資料來支持該說法。

無支持論點的陳述是簡報的罩門，觀眾可以據此質疑你，而且他們成功的機率很大。請務必提出分析資料來支持你的論點。

假如你沒辦法為某標題提供周全的佐證資料，這時最好重新改寫標題。通常描述句的爭議性會比推論陳述句來得小，所需的支持論點也比較少。「我們大部分的銷售額來自西區」這種講法就很容易佐證，只要給大家看指出這項資訊的圖表即可。「我們應該特別關注西區」這種陳述句基本上就是在提建議了，所以會比較麻煩一點。

有時候某些標題必須特別加強佐證，譬如你可能需要用到好幾張圖表和一長串的支持論點。碰到這種狀況就有點棘手，因為每一頁能放的資訊有上限。也就是說，你既要提出有憑有據的理由，又得保持頁面的清晰條理。這時你恐怕必須重新改寫簡報的流程，把單一頁面拆成兩、三頁來說明，或可解決問題。

舉例來說，「我們的廣告必須鎖定南部城市的都會雅痞」這種標題並不容易佐證，因為同一個句子就傳達了「鎖定都會雅痞」和「鎖定南部城市」這兩個不同論點。碰到這樣的情形，最好把標題拆成兩個頁面，第一頁討論以都會雅痞為目標的事項，專心佐證這個論點，第二頁則探討南部城市的重要性。

另外還有一種做法可以解決頁面內容不夠有力的問題，那就是把標題寫得婉轉一點。與其說「我們的銷售額因近來氣候暖化的問題而衰退」，倒不如改成「我們的銷售額可能因為近來氣候暖化的關係而受到影響」。婉轉的措辭可以改變立足點，使你的口吻不至於太武斷，顯示出你只是在表達或許有這個關聯性而已。

觀眾可不是你的親朋好友，這一點請謹記在心。觀眾有可能是

你同事，他們跟你一樣也面臨著各種問題和挑戰。就多數情況來講，觀眾就是你的老闆，或者是老闆的老闆。老闆指望你端出強勢大作，卻沒多久就注意到一些錯誤，這時可沒人敢保證他們會挺你的建議。也許他們會質疑你的結論、擊垮你的論點也說不定。一旦有了疑慮，對你未必有利。

因此，強而有力的佐證至關緊要。每一頁都應該提供資料論據來支持標題。你必須好好回答：「為什麼你認為這個標題絕對正確？」

以下分別是提出支持論點時要注意的幾件事。

▷條列式重點不超過四項

簡報崩壞最快的方法就是列出一長串條列式重點。把 12 或 15 項論點塞滿頁面十分不宜，不會有人想把一大堆項目從頭看到尾，所以千萬別這麼做！

支持論點太多有三個缺點。首先，論點若是多達十項或十項以上，簡報的氣勢會消失，因為你得多花時間才能討論完這些論點，導致觀眾很容易放空。你先前努力得到的進展，這下子也都會隨著你探討這落落長的項目而付之流水。

第二，論點太多會讓人搞不清楚真正的重點在哪裡。假如你針對某個結論提出了 12 項的支持論點，想必這些論點一定有輕重之分。把 12 項論點都列在一起的話，真正重要的論點便跟其他重要性較低的論點攪和在一起；換言之，真正的重點突顯不出來，觀眾也會失焦。

第三，人記不了太多資訊。你講的東西愈多，觀眾愈記不住。

製藥巨擘公司禮來利用藥品廣告來測試觀眾對副作用的記憶力，從這項研究便可以驗證這個血淋淋的事實。該公司製作了三支主題相同但版本略有不同的廣告，藉此評估觀眾的記憶力。第一個版本提到四種副作用，第二個版本列出八種副作用，最後一個版本則介紹了 12 種副作用。測驗結果很顯著：廣告介紹的副作用愈多，就愈少人記得。針對只有四種副作用的廣告，觀眾的平均記憶量為 1.04。至於有 12 種副作用的廣告，平均記憶量則降低到只有 0.85，下滑幅度十分明顯。由此可見，項目變多時，記不住的人就愈多。[6]

條列式重點以三或四項最佳。千萬別列出十多個項目。請對自己發誓：「我保證絕不在頁面上塞入十幾項的條列式重點。」重要的事情說三遍！

▷條列式重點至少要有兩項

條列式重點太多不宜，但太少也不好。原因很簡單：條列式重點基本上就是列出一張清單，既然是清單就不會只有一個項目。如果只有一個項目，就不叫清單，那就只是一件事情。況且，就算有兩項重點也顯得很單薄，觀眾或許會想：真的只有兩項？不會吧？

假如你只有一個條列式重點，你也許根本不必列出來。如果這項重點是一件事的話，不如就把它當作標題。若是有兩項條列式重點，你可以把這兩項重點分別作為兩個頁面的標題。

▷變換視覺圖像

變換呈現資料的方式，可以讓簡報更活潑。

條列式重點是不錯，但如果每頁都放條列式重點，簡報看起來

就太乏味了，重複性也會太高。觀眾心裡八成會想：「真厲害！又來一頁條列式重點，跟我們剛剛看過的那三頁有差嗎？」

同樣地，要是每張投影片都放長條圖或圓餅圖，那麼這份簡報也太無聊了，缺少活力與刺激感。

簡報的視覺呈現若是能做一些變化，會讓簡報有新鮮感。這一頁用長條圖，那一頁列出三項條列式重點，再來一頁放折線圖，後面接著用散布圖。

別忘了你有義務吸引觀眾的注意力，因為你做簡報是有原因的，你有任務要完成。你希望說服觀眾同意你推出新產品，但如果他們恍神的話，那就是你的問題，不是他們的錯。把簡報做得更生動，才能讓觀眾專心投入。

▷用字遣詞要簡單易懂

很多人以為用艱澀的詞藻才能突顯自己比別人厲害又可靠。他們的邏輯是這樣運作的：既然我知道這些拗口的字詞，我必定特別聰明又優秀，也因此我提出的建議是最強的。

事實上，艱澀的詞藻往往會產生反效果。換句話說，用這種字詞反而使你看起來既不厲害又不可靠，這是因為別人會覺得你是故意用難懂的字來掩飾自己其實一點也不聰明（請見第 18 章，了解用字簡單的影響力）。

▷刪除沒必要的資訊

假若真的不需要某筆資訊，就把它刪除吧！簡報中的每個數據、每項計算和每個事實都必須有它存在的理由。廣告主管鮑伯・

雷克指出：「字愈少，讀者愈多。讓人分心的東西愈少，影響力愈大。簡潔造就一目了然，一目了然則促進理解。」[7]

賈伯斯以刪減簡報資訊著名。誠如溝通教練卡曼・蓋洛在其著作《賈伯斯的簡報祕訣》（*The Presentation Secrets of Steve Jobs*）中所指出的：「大多數的簡報講者拚命為投影片加油添醋，賈伯斯卻不停地刪減、刪減再刪減。」[8]

「蓋茲堡演說」（The Gettysburg Address）是有史以來最著名的演說之一，這場演說更是突顯了刪減的強大威力。演說內容讓林肯總統享有盛譽，但更令人驚奇的是他沒說的內容。他沒有述說蓋茲堡戰役的細節，包括受傷將士的人數、戰役持續時間或這場衝突的規模。也沒有特別提到特定人士，比方說哪位將軍或步兵。他沒有說明導致這場戰役的任何事件背景。他把所有非必要的資訊全都刪除，以便讓他的核心訊息能展露無遺。

每一頁簡報只要包含足以支持標題的資訊即可。數字密密麻麻的雜亂頁面只有壞處，不但混淆觀眾，也使他們分心。最好善用簡單的表格、圖形或幾組條列式重點來說明論點。比方說圖 8-1 就十分清楚，是能有效傳達資訊的頁面。

圖 8-1

2017年又見收益與獲利強勢成長

單位：百萬美元

百事公司前陣子發表的一份簡報就很特別。[9] 從中可以看到標題指出了論點，頁面上的資料數據又能佐證該論點。整個頁面既清爽又易懂，是值得仿效的範本。

▷配合使用道具

有時候佐證論點的最佳做法就是搭配使用道具。舉例來說，賈伯斯曾經在 2008 年蘋果（Apple）全球開發人員大會上用三腳凳來比喻公司三大事業體——麥金塔（Macintosh）、音樂和iPhone——為人所津津樂道。

道具可以吸引觀眾目光，讓大家對這場簡報印象深刻。這一點我從幫雞洗澡的那次經驗就學到了。當你高舉凳子的時候，就能

把觀眾的目光拉過來。為什麼他要舉起凳子？在連看了好幾張有著標題和支持論點的投影片之後，這樣的呈現變化十分討喜。TAI Group 執行長吉佛‧布斯（Gifford Booth）表示：「把所有感官整合在一起──即視覺、聽覺、嗅覺、味覺、和觸覺──你就能讓觀眾投入想像力。數字和資料鮮少能駐留在觀眾腦海裡，但感官語言卻可以營造出難以忘懷的內心世界和體驗。」[10]

用道具可以把一個概念描繪得活靈活現。生產力專家史蒂芬‧柯維（Stephen Covey）著有《與成功有約：高效能人士的七個習慣》（*The 7 Habits of Highly Effective People*），他用石塊和沙子來比喻事有輕重緩急的重要性。如果你只是說「我們應該先區分事情的輕重緩急」，那麼這個觀念看起來既微不足道又乏味。但柯維把石塊跟沙子搬出來演示之後，整個觀念立刻變得鮮活起來，非常神奇。假如各位還沒看過這段影片，請在 Google 上搜尋「Covey and rocks」就能找到。

道具要用得精。換言之，用太多道具的話，簡報就跟一場秀或甚至馬戲團沒兩樣。還是老話一句，先考慮目標觀眾的特性，再找出最具效果的道具。正經八百的執行長對玩偶和棒棒糖那類東西想必不會有什麼好反應。

可別玩過頭而使訊息失焦。簡報的目標是推銷你的建議，並非為了奪下「新產品進展簡報最佳戲劇化表現」獎。誠如作家傑佛瑞‧詹姆斯在其著作《商場成功法則》（*Business Without the Bullshit*）所指出的：「應該讓觀眾記住你要傳達的訊息，而不是你用了多少特效。」[11]

精修頁面

標題和佐證資料都定好之後，接下來就要開始精修頁面。將簡報精雕細琢到既通順又有條理。廣告傳奇人物李奧·貝納（Leo Burnett）的建議是：「修到讓人忘不了，修到賞心悅目，修到讀起來趣味十足。」[12]

精修過的簡報與未經琢磨的簡報有很顯著的差異。精修過的簡報效果強大，不但令人印象深刻，又十分流暢。粗糙的簡報看起來就是個未成品。鮑伯·雷克認為：「假如你的簡報和紙本資料看起來很專業，那麼你所代表的整個組織也會給人專業的觀感。」[13]

賈伯斯就十分了解精修過的簡報有何威力。據卡曼·蓋洛表示：「賈伯斯汲汲於改進簡報，每一張投影片、每一次演示和每一處細節他都不遺餘力。」[14]

▷動畫效果與圖片

適當加入動畫效果，可以讓簡報更生動。比方說運用飛入效果，原本單調的條列重點便頓時活潑起來。影片也有助於彰顯重點。

不過動畫效果也不能用過頭。你的目標是把簡報變得既專業又完備，而非賣弄花拳繡腿。太多花俏的特效讓人分心，反而會透露出你其實是在彌補故事牽強的意味。此外，多一種特效就會多一分風險，倘若特效沒有正常運作，會顯得你未做足準備。

圖像的使用也應斟酌簡報的調性。倘若今天你要談的是資遣數百名銷售人員，就不該用歡樂搞笑的圖像。又假如你要檢討某項大

型創新舉措，則避免讓頁面看起來死氣沉沉。講節日派對的簡報在外觀風格上勢必跟全球供應鏈重組進展報告有很大的不同。

然而難就難在如何從中取得平衡。一整頁黑色字體吸引不了人，看起來很乏味。反之，全都是卡通圖案的頁面雖然很生動，但過分誇張。把一句話裡的每一個字都設定成不一樣的顏色是很好玩又五彩繽紛，但也顯得太幼稚又讓人眼花撩亂。

▷錯字與文法

錯字和文法很重要，請務必花時間好好做檢查。使用正確文法可以展現出你是一個聰明、幹練又可靠的人。倘若從頭到尾都看得到文法錯誤，即便這份簡報再怎麼強大，你都會因此失去公信力。《金融時報》專欄作家山姆·利斯指出：「你做出來的簡報要是標點馬虎、錯字或文法有問題，讀者會認定你沒有努力把事情做好。」[15]

反過來說，把簡報精修到盡善盡美則可以建立你的公信力。誠如賈伯斯所言：「讀者若是看得出來作者注重文章的連貫性與用字精準度，也一定很放心作者會注重那些他們不容易看到的行為舉止。」[16]

文法正確也能促進理解。以下幾個文法有問題的陳述句就有些不知所云：

> 瑞秋·雷伊在烹煮家人和小狗時得到靈感
> 人吃了被錯當成寵物魚販售的食人魚
> 教師研討會與四個教授在校園發生性行為[17]

請文字編輯來幫你抓錯是不錯的辦法；只要花一點錢，就能大幅減少簡報的錯誤。

▷ 格式設定

製作簡報的過程當中，最無聊的大概就是調整格式了。調整字型和字體大小不是讓人特別有幹勁的事情，這比較偏向細心與否的問題。

不過格式確實很重要。小細節有時候也會對整份簡報產生莫大影響。

講到格式，大家各有所好。有些人喜歡這種字型，有些人偏愛另一種。我在凱洛格管理學院的一位同事就覺得 Arial 是最理想的簡報字型，另一位同事則一向只使用 Calibri 字型。有些人認為簡報文字應一律設為 16 級，有些人則看法不同。

設定簡報的格式時應注意兩件事。第一，請保持一致性。通常整份簡報應該有個基本的外觀風格主軸。最好只使用單一字型，標題和支持論點的字體大小則應一致。字型和字體大小若是變來變去，每一頁的外觀又都各有特色的話，簡報一定會淪為粗糙的未成品。

有時候你可能需要突破格式才能讓簡報變得更搶眼，只要是在一定的基礎上為之就沒問題。換言之，想從一致的格式中做突破，你必須清楚底限、小心斟酌。

第二點要注意的是易讀性。觀眾終究還是得讀簡報，所以無論你設定何種字型，最重要的就是易讀性。有鑑於此，一般都會避

免過於花俏、繁複的字型（請見第 18 章，了解更多有關易讀性的影響力）。

Stay away from fonts like this.

避免使用這種字型。

Steer clear of fonts like this.

避免使用這種字型。

And avoid this font at all costs.

也千萬別使用這種字型。

You also want to avoid small type;

it just makes it difficult for your readers.

也請避免使用這種過小的字型，因為讀者很容易看不清楚。

▷兩大考量點

簡報在做最後修潤時，請注意兩個要點。第一，考量你的觀眾。觀眾如果喜歡特效，就加上特效；假如他們不喜歡特效，保持簡單即可。以前我有一位上司厭惡有動態效果的清單，他喜歡一次就看到完整頁面。所以向他做簡報的時候，我一定直接秀出完整清單，把動畫效果拿掉。

要是你不確定老闆喜歡什麼風格，不妨去看他們做的簡報。基本上老闆的簡報應該都會做得不錯，你只要如法炮製他們的格式與架構即可。

　　第二個要點是考量你的個人品牌。當前你的個人品牌精神是什麼？你希望這個品牌代表什麼特色？你的簡報應該反映出這些意圖。

　　假設你希望你的個人品牌可以讓人聯想到你嚴謹的分析能力與策略思維，那麼你在做簡報時就應該彰顯這些特色。比方說多多運用圖表，不碰卡通圖案，並且照著範本來作業，略過可愛的貓咪影片等等。

　　如果你的目標是打造著重創意、創新和新思維的個人品牌，這時就必須採取別種做法。你可以多用一些好玩的圖形，別從頭到尾都按照範本，表格也盡可能少量運用，或者偶爾說個笑話也會有不錯的效果。

　　請務必記住一致性的重要，培養個人風格是好事，但別一夕之間說變就變。一個以分析能力出名的人突然裝可愛，在做簡報時拿寶可夢大開玩笑，觀眾一定會納悶現在到底出了什麼狀況。他們腦海裡大概會浮現「比爾還好嗎？」、「哇！真是想不到！很好奇他為什麼會有這樣的轉變？」或「這簡報不會是比爾的實習生做的吧？」這些念頭。那可就不妙了！

🖐 集體創作

靠自己的力量打造一場精采的簡報是一項挑戰，因為除了必須構思動聽的故事之外，還得把故事鋪陳得合情合理，這絕非易事。

靠團隊力量打造出色的簡報又完全是另一番風景了。當好幾個人牽涉其中，簡報的製作會變得更困難、更具挑戰性。所以就我的經驗來看，集體製作簡報有時候可能是最痛苦煎熬的事情。

集體創作的難處就在於如何成功汲取眾人之力——創意、洞見、衝勁——但又不至於讓人多口雜的缺點拖累最終作品。因此，你若是想透過團隊合作的方式製作簡報，真的要特別謹慎小心。

▷錯誤做法

首先來檢視集體創作之所以**無法**做出好簡報的過程。

- 決定簡報的初步大綱。
- 把大綱拆成三段，分別由三個人負責撰寫。
- 請每個人寫好自己負責的那一部分簡報後，在期限內交回文稿。
- 按照大綱編排大家寫好的文稿，然後在各段落之間插入議程頁，並在簡報第一頁放上封面。
- 請各段落負責人簡報自己的部分。

這種任務分配法似乎相當合理，每個人都有負責的工作，基本上一定可以做出確切的文件。

但災難就是這麼來的。這種途徑問題很多，做出來的簡報多半派不上用場。

第一個問題是缺乏一致性。每個人有自己的寫作方式：有些喜歡用長標題，有些偏愛短標題；有些人寫標題習慣在結尾加句號，有些人習慣省略標點符號。如果只是把大家寫的投影片組合起來，做出來的簡報就跟大雜燴一樣，絕非你想要的那種精緻又流暢的簡報。

第二個問題是有邏輯不通的可能性。這個問題其實更嚴重，畢竟一份好的簡報就是要說故事，而故事理應有合理的脈絡，頁與頁之間的前因後果分明。故事的發展也必須緊湊，這一段關注的重點，應該在下一段加以探討。

倘若把簡報分配給不同人撰寫，脈絡的銜接勢必會很鬆散，進而削弱整個故事的力量。第一段的論點也許跟第二段毫不相干，又或者第二段的建議所探討的問題應該先在第一段提及才對。

第三個問題是大家都想占有一席之地。眾所周知，人捨不得放棄東西，天性想擁有東西；換言之，人類的占有欲很強。此外，人天生對喪失所有權敏感，這也表示人不會想放棄自己的東西。假如某人寫了投影片，就會希望這些投影片能派上用場，不管寫出來的內容是否特別能支持和銜接簡報的整體論點。

如果你請別人寫簡報，大家通常願意照辦，但問題是他們都會希望能在最後敲定的文件上看到自己寫的內容，這樣一來簡報就會變得太長、太囉唆又太笨重。

這些都不是容易修正的問題。就大部分情況來講，只有重寫和刪掉內容才能解決。有時候會碰到簡報需要大修的狀況，而重寫的

過程中有可能讓團隊產生負面情緒。比方說把某人寫的標題改掉會讓他覺得不受肯定，刪掉一些內容也有可能激怒別人、引起衝突。大家或許會問你：「為什麼你要砍掉我寫的東西？那些內容非常重要，你算老幾？你寫的比我還多，我覺得應該要刪掉你寫的才對，你閃一邊去！」

有鑑於此，以集體創作的方式所製作的簡報往往十分鬆散。

▷較佳做法

團隊合作對不少組織來說是稀鬆平常的事。工作不能單打獨鬥，你是團體的一分子。這種工作方式的挑戰在於如何讓團隊積極參與、彼此搭配，製作出效果強大的簡報。

不給別人機會，把工作攬在自己身上是行不通的。也許你會忍不住說：「這份簡報就交給我吧，我來處理就好。」接著你便著手撰寫，再向大家做簡報，小事一樁。但這麼做不是好辦法，因為你需要大家跟你站在同一陣線上。假如你帶著完稿的簡報登場，大家一定會挑你毛病。人——尤其是同一團隊的人——都不想被排除在外。

想要取得別人的認同，最好的做法就是大家攜手合作，共同製作簡報。大家若是對簡報的製作都出了一份心力，基本上就會願意支持最終版簡報，畢竟誰也不願意去攻擊自己付出貢獻的東西。

只是團體戰有它的挑戰：你需要別人一起投入撰寫的行列，但又不能任由他們主導這個過程。這其中有個微妙的平衡。

首先必須取得大家對這項建議的共識，這也是最重要的步驟。假如這個團隊理念不一致，就不容易或甚至不可能做出強大的簡

報。還沒對核心訊息達成共識就開始撰寫簡報，只怕前景堪慮，因為最後寫出來的東西一定沒辦法銜接。

有時候會碰到沒辦法針對建議全面達成共識的情況，因為大家的觀點差太多。這種問題還是有辦法可以解決。

請務必記得，不必非得全體都一致認同這個建議不可，就像陪審團一樣。前陣子我跟另外 11 位人士擔任陪審團。我們審理了一件車禍導致背部受傷的案件，十分複雜。在聆聽過所有證詞之後，我們被請到陪審團議事室，並得到指示除非我們無異議達成共識才能離開議事室。在議事室那段期間真的很刺激：有一度 11 人都同意某項裁決，只差一人不同意，但這樣不算完成任務。於是我們又繼續辯論和討論，最後有十人同意、兩人反對，事情看起來陷入膠著。我們只好又一而再再而三地討論與妥協，終於達成一個所有人都滿意的協議，做出無異議通過的決定。

公司裡可就不一樣了，大家可以有不同觀點。既然這個群體裡的人背景和觀點各異，那麼基本上是不可能讓全體團隊都認同某項建議的。雖然無法達成共識，但還是有辦法可以做出成功的簡報。

有一種做法是先呈現故事的正反面，接著再把這個製作團隊所提出的建議亮出來。另一種方式是評估反對規模：大多數的團隊成員都支持這項建議嗎？顯然這個問題最後會用投票表決來決定。

一旦對建議取得了共識，這個團隊便可以著手打造故事。

用故事板來集體構思簡報效果不錯。只要有白板和筆，你們就可以草擬故事，接著再尋求共識。大家會提出各種建議，這是好事。當然也有可能找出各種問題，但至少每個人都對簡報有所貢獻，如此才有利於建立長期共識。

勾勒出故事的輪廓之後，每位團隊成員可以分個幾頁簡報，開始蒐集資料並進行必要的分析。這種工作分配多半不會有太大的問題。

　　如果你把分析資料的工作分給大家做，就別再要他們製作投影片。請他們只要蒐集好資訊，或許再做個圖表即可。這樣一來便可以將大家對自己作品引以為傲而捨不得放棄的風險降到最低。人對於一張圖表至少比較不會那麼難割捨。你隨時想加入這項資訊都沒問題。

　　別忘了終究還是要有人負責最終版簡報。撰寫標題的工作單由一人負責即可。等大家把自己負責的內容交出來，一定要有人專門負責精修，如此方可確保標題銜接得當、表格格式一致以及整份簡報環環相扣。

　　負責統整最終版的人未必非得是最後發表簡報的人，製作和發表這兩個步驟是分開的。

　　雕琢過的簡報，發表起來很輕鬆。因為這樣的簡報邏輯清晰，又有充分的佐證資料。簡報設計得好，發表這個環節就不會是難事，只要一頁接著一頁講解，自然可以闡明論點。因此，誰來發表簡報其實不是那麼重要。

　　簡報在製作過程中還需要一個總檢討的步驟，也就是每個人都有機會仔細看過簡報並給予意見。此步驟可確保大家理念一致。在最後這個階段有必要再次確認每個人都站在同一陣線上，畢竟自亂陣腳是很麻煩的問題。

　　做好心理準備也很重要。要是大家以為自己做的投影片和資料會直接被放進簡報，結果卻事與願違，想必會大失所望，甚至火冒

三丈。但如果大家事前都很清楚，最終版簡報是集結眾人的貢獻並經過來回修改，就不會有晴天霹靂的感受了。

09

善用有力的數據資料

出色的簡報以數據資料和資訊作為堅實的基礎。商場人士通常不會在乎你的直覺或愛好，他們尋求的是有事實根據的建議。誠如百威啤酒（Budweiser）副總裁里卡多·馬奎斯（Ricardo Marques）所言：「我們先看事實，再做決定。」[1]

你必須為簡報添加有力的資訊，才能使人信服。但這種事不是那麼容易做到。有些數據資料就是特別能說服人，有些簡報技巧就是特別有用。

以資料服人

人生要到了某個階段才會發現，原來自己的意見其實沒那麼重要。

這種領悟往往讓人不好受。還記得我們小時候，大人總是鼓勵我們表達意見。別人也會讚美我們做的簡報。老師對我們的報告給予正面回饋並打上還不賴的分數。即便作業寫不好，我們通常還是可以得到幾句鼓勵，對於需要改進的地方，老師也會給我們一點溫和的建言。我們只要在社交媒體上貼文，朋友不管親疏遠近幾乎都不吝於按讚與分享。進了大學以後，我們提出的觀點再怎麼怪也有人欣賞和重視，個人特質恣意展現在開放又熱誠接納的文化當中。

但不可能永遠這麼美好，我們終究會領悟到，自己的意見有時候真的不重要，別人才不在乎。當一名應屆畢業的新進人員建議公司在策略上做重大改變時，資深主管聽了一定馬上翻白眼，理都不想理。新來的畢竟沒經驗又不夠專業。年輕人有熱忱是很好，但就

是太天真了一點。

　　就我個人來說，領悟的這一刻來得很早。當時我在 Booz Allen 擔任顧問工作，負責為一家大保險公司進行行銷人員分析。我一直在觀察，為什麼有些業務的生產力就是特別高。研究了幾個星期的銷售資料之後，我已經掌握到那股核心的動力為何。我向主管簡報我的想法，但是她反應平平，並沒有太大的感覺，只對我說：「我需要看數據。」明明我的想法就跟佐證資料一樣可靠。

　　不過這並非資淺人員才有的問題，即便是資深主管，甚至執行長都有機會碰到同樣的情況。比方說執行長主持了一場董事會，氣氛融洽，大家很快便對簡報的事項達成共識，但另外還有投資人和分析師還沒搞定。這些人士可不在乎大家有什麼想法，他們要看的是資訊。誠如卡夫亨氏公司（Kraft Heinz）執行長伯納多・希斯（Bernardo Hees）最近在一場簡報中所指出的：「我什麼都不會去想，給我看資料數據就對了。」[2]

　　真正出色的簡報會有事實數據作為基礎。倘若這些數據資料堅實又給力，就能撐起簡報，就像一棟大樓蓋在穩紮穩打的地基上一樣。廣告傳奇人物李奧・貝納解釋說：「倘若你用事實根據來支撐你的論點，並以誠意來說服他人，那麼在為自身理念奮戰的這條路上，你一定會打贏勝仗。」[3]

　　但如果事實薄弱又不可靠，簡報會很容易垮掉，就像蓋在沙地上的大樓一樣。TED 負責人克里斯・安德森指出：「有風格卻無實質內容是很糟糕的。」[4]

　　請切記，統整簡報的時候，務必加入可靠又有力的資訊。

🐔 資訊具有三種類型

並非所有資訊都一樣重要。有些數據對你的主張來說特別有用處，有些卻很薄弱，容易受到質疑，無價值可言。另外又有一些資訊不利於你的論點和公信力。

支持論點可分為「強力支持論點」、「不相關論點」和「不利論點」這三種。

▷強力支持論點

有力的建議以扎實的支持論點為核心。換言之，這些事實根據堅如磐石，具備穩固的基礎。

論點必須清晰可信，才能發揮它的功效。在此引述兩句話，供各位思考。

「第一條原則：不要賠錢。第二條原則：一定要將第一條原則謹記在心。」──華倫‧巴菲特（Warren Buffett）

「讓顧客滿意就是最棒的商業策略。」──麥可‧勒伯夫（Michael LeBoeuf）

第一句話出自鼎鼎大名的人物巴菲特之口。他在商場上幾乎無人不曉，而且大家也十分看重他的意見。巴菲特以勤勞又誠實的商業領導人著稱。

第二句是一位不是那麼有名的人說的。他究竟是誰？很多人不

認識他，因此這句話的影響力也相對較小，無益於支持你的主張。

▷不相關論點

現今是個資訊爆炸的時代，且多數資訊都跟你的簡報無關，也不具任何意義。假設你現在要做一個探討某項外科手術費用的簡報，以下列出的事實數據應該跟你的建議毫無關係：

· 2016 年西德州中級原油（WTI crude oil）價格平均為一桶 43.33 美元。
· 香港距離馬尼拉 1,116 公里。
· 第一臺攝錄影機於 1976 年 10 月賣出。
· 法國有 760 萬隻狗。

簡報中所有不相關的論點都應該拿掉。也就是說，不重要的資訊都必須抓出來刪除。

不相關的資料會產生兩個問題。第一，使觀眾分心。你要是提到法國有幾隻狗，也許接著就會有人說：「哇！我都不知道原來法國有這麼多狗，竟然超過 700 萬隻，還真多！我去年才養了一隻狗，養狗很麻煩，但也蠻有意思的。蘇珊，你有沒有養狗？我知道你之前一直想養，你真的應該試試看。」要是碰到這種情況就麻煩了。

第二個問題是，不相關的資訊會喧賓奪主，搶了真正重要資訊的光采。一項重要的分析在其他七個有趣論點的包圍之下，很容易失去觀眾的注目。因此，為了使觀眾能聚精會神在重要的相關資訊

上，請把其他不必要的東西刪除。

▷不利論點

薄弱的支持論點不只會害你錯失良機，也可能因為有損你的公信力而變成很大的麻煩。

試想以下情境：你正在向觀眾簡報重新定價的建議。此建議的爭議性比較大，雖然有理由支持採取這項行動，但也必須考量到銷售額增長未必能抵銷此行動所增加的支出這種風險。

簡報到一半的時候，資深主管在簡報裡注意到競爭對手的定價數據不正確：你寫的是 1,645 美元，而不是 1,546。這是一個小錯字，你發現你把數字弄顛倒了，那是個無心的小錯。

但可惜的是，這個小錯造成了大麻煩。現在主管開始檢查起簡報的其他數據，看看是否還有地方出錯。他們也不禁懷疑，簡報裡的分析資料會不會也有問題。說不定你先把收益數據弄顛倒，後來才跟著弄錯定價數據，這樣說起來也許整筆分析資料都有錯。憑這種不正確的分析資料是沒辦法做出決定的。

會議到了尾聲，主管表示：「這次開會很有意思，不過我們當然還是得再想想看。」說完他們就離開了。這場會議以失敗告終，不但沒能說服目標觀眾，反而讓他們心中產生疑慮和疑問，實在是弊大於利。

只要有人從你的數據資料中挑出問題，大家就有理由質疑你的整個建議。由此可見，即便只是小錯也會演變成大麻煩。

事實與可信度

真實的資訊與可信的資訊之間是有差別的，因為真實的東西未必代表可信。並不是每件真實的事，人都會相信，人有時候甚至會相信虛假的事情。

人類曾經為地球究竟是圓的還是平的爭論了很多年。支持地圓說的人觀點正確，但其他人卻不相信。

由此可見，你的簡報應該以既真實又可信的資訊來支撐所提出的建議。這些事實與數據對鞏固你的主張大有助益，因為觀眾能理解、相信該資訊，並且看得出來該資訊是如何連結到你的建議。

假如你要向觀眾簡報的是某項特殊分析所得出的驚人發現，大家可能會半信半疑。他們心裡或許會想：

- 你一定是用了錯誤資訊
- 你算錯了
- 數學運算方法有誤

若是有人質疑你的數據，不相信你的分析結果，麻煩可就大了。他們說不定會直接略過你的分析，開始質疑起整份報告。

因此，在統整你的論點時，別忘了考量到這一點，務必詳加思考每一項事實論據能否取信於觀眾。請問問自己：「觀眾會不會相信這項資訊呢？」

你若是覺得你呈現的事實觀眾十之八九會相信，就表示成功的機會很大，儘管把這筆資訊加進去就對了。但如果你認為觀眾很有

可能被你的資料嚇到，那麼務必斟酌處理。

首先先想想這個問題：有必要納入這項資訊嗎？假如並不是那麼重要，最好還是直接省略它，何必冒險？但如果這筆資料在整個分析過程中舉足輕重，不妨考慮稍加鋪陳。比方說解釋一下分析途徑或資料來源。只要觀眾認同這筆資訊的根據，就難以置之不理了。

另外，你也可以請「盟友」來佐證這筆資料。要是有一位備受敬重的人士為這筆資訊背書，它就會更有說服力。我在卡夫工作的時候，行銷研究部門的主管如果出面指出此途徑可行又意義重大，那麼該筆行銷研究資料就會得到更多重視。

🐔 故事

簡報不宜全都是事實與數據。故事不但同樣有效，有時候甚至效果更棒。數字則有缺乏感情溫度的問題，而表格就只是冷冰冰的表格，不會令人難忘，也不會感動你。

反之，故事可以讓一切活靈活現。把新手媽咪的購物習慣資料秀出來是沒問題，但還不如講個你跟新手媽咪聊天的點點滴滴更能讓觀眾投入。我在凱洛格管理學院的某個班上教過一堂有關敗血症的商業案例。我本來要告訴學生敗血症是一種可怕的疾病，給他們看那些無情的統計數據，但他們一直不安分坐好，也沒認真在聽，直到我講了本校某個學生到德國做諮詢專案時得到敗血症，結果失去意識在德國醫院待了一個月，整個人腫了一倍，差點沒熬過來的

故事，他們這才聚精會神。

故事引人入勝。克雷格‧渥特曼教授在凱洛格管理學院教的是策略銷售，著有《你有什麼故事？》（*What's Your Story?*）。他認為故事的威力是來自於它能夠吸引觀眾投入：「述說故事的當下，觀眾會情不自禁被吸引過來。述說和聆聽這兩種動作激發出一定的參與感，有利於從中取得重要的資訊和知識。」[5] 在簡報過程中，故事也具備和緩氣氛的功能。就像渥特曼所說的：「故事會讓人在不知不覺中放鬆並仔細聆聽。」[6]

你在提出主張的時候，可以用說故事的方式來支持你的論點。不必真的把故事放進書面簡報裡，只要在講到某段內容時順便把故事說出來即可。

一個效果卓著的故事往往具備三個特質。第一，故事應當簡短。很少人在商業會談裡會有耐心去聽長篇大論的故事，所以請直接切入重點吧！第二，故事必須真實。說故事的時候應出於真心，只要你說的是真實的故事，就不難做到。第三，故事應具備佐證的功能。故事本身並不會特別讓人信服，因為你只不過是在描述某人或某事件，無關乎支持你的論點。因此，理想的做法是你先呈現資料再配合說故事，或者先說故事再呈現資料。這兩種方法都可以用來表達你的論點。

以下這個例子就說明了事實與故事的結合具有十分強大的效果：「絕大多數的 MBA 學生把企業徵才視為他們的第一要務。就我們最近針對本校學生所做的研究來看，68% 的 MBA 學生最重視企業徵才。上星期我也見證了這個研究結果，因為我教的那個班有一半的學生缺席，他們都去參加第二輪面試了。」

另外特別值得注意的是，最棒的故事其實就是講者本身的故事，因為那都是講者自己的人生經驗。這些故事不但貨真價實，也很容易想起來，面對觀眾的提問自然也能輕鬆應對。

 ## 簡單與複雜的分析

拿不定主意的時候，最好就做簡單分析即可。計算過程淺顯易懂較容易贏得大家的信任，因為只要看到確切數字便一目了然。

可靠的支持論點容易讓大家心領神會，而看不懂的數據或計算過程則無益於你的論點。當你告訴觀眾 18 加 14 等於 32 的時候，不會有人聽不懂。但如果你開始暢談「二項分布」（binomial distribution）和切比雪夫不等式（Chebyshev's inequality），觀眾一定滿腦子問號。

請考慮清楚再做高階分析。一系列複雜的等式看起來是很厲害，但觀眾如果摸不著頭緒，就沒有支持論點的功效。另外，應用新形態的資訊時也要特別謹慎。把新社群媒體平台上的新資料呈現出來或許很亮眼，不過觀眾要是看不懂，效果就沒那麼強大了。

觀眾面對一連串複雜的計算過程會很難進入狀況，原因有二。第一，觀眾只想跳過所有的分析資料。誰想費盡心思爬梳那些密密麻麻的數字？觀眾若是跳過分析資料不看，那麼這些資料又有何意義可言。若說要有什麼意義的話，只怕是害觀眾分心，讓他們沒辦法注意到真正的重點。

第二，複雜的分析會讓觀眾產生心理壓力。榮獲諾貝爾獎殊榮

的心理學家丹尼爾‧康納曼在其著作《快思慢想》（*Thinking, Fast and Slow*）中探索了認知負荷的概念。錯綜複雜的分析和難懂的表格會對人的心智加諸負擔，導致難以取得共識與承諾。因此，按照康納曼的理論，你若是想說服他人，「一般的原則就是設法降低認知上的緊張，便可提高成功機率。」[7]

請思考以下兩個範例：

範例一：100 + 21 = 121
範例二：TC 模組顯示答案是 121。

範例一簡單扼要。你看了之後會點頭附和，計算過程也一目了然。基本上不會有人會反駁這個算式。範例二採模組算法，展現出一種新的複雜層次。但 TC 模組是什麼呢？是怎麼計算的？

一般而言，最好用簡單易懂的計算方式、範例和資料來分析。數據應一目了然，標示也要清清楚楚。把這些東西都秀出來。

計算過程簡單扼要也能建立信賴感。你呈現出來的計算過程淺顯易懂，觀眾自然容易進入狀況，你不必努力爭取他們的信任，只要把數字和資料展示給他們看即可，畢竟這些資料既清楚又合理。

不過話說回來，偶爾還是有可能會碰到需要用到複雜分析的狀況。比方說有時候你需要以一連串的計算過程來表達某個關鍵重點。又有時候，高度專業的分析則有助於提升你的公信力。

你的簡報如果會用上複雜的分析，那麼在實際綜合這些分析資料之前，應當先加以解釋。舉例來說，在呈現購買率的多變項迴歸模組分析結果之前，應當先行說明購買率多變項迴歸模組的操作方

式，接著再帶入你的分析資料。至此你才能展示分析的結果並探討其含義。

掌握資料的意義

了解每一筆資訊的意義十分重要。換句話說，你必須掌握資料背後的深意。

也許你會以為這不是什麼難事，實則不然。即便看起來很簡單的一筆資料，都有它複雜的一面。究竟這是什麼資訊？

以市占率這種基本的資訊為例。假設你得知市占率為 18.7%，這是一項不錯的資訊，也許值得放進簡報裡。

但在使用這個數據前，應先仔細思考，它究竟有何深意？

首先要問自己幾個問題：計算的時間範圍為何？是本週、本月還是本年度的市占率？是指年初到計算日的變動率還是過去一年來的百分比？

第二波要問的是：計算基準是什麼？指所有零售店加起來的市占率嗎？還是只計算雜貨店？這個數字所涵蓋的市場地理範圍為何？

接著要問的是，這究竟是哪一種類型的市占率？此數據顯示的是銷售單位數百分比還是銷售額百分比呢？

另外，此市占率數據還包含了什麼資訊？該數據反映的是核心事業的表現，還是近期所有新產品的績效也包含在內？

掌握資料的深意是很重要的事情。倘若有人問起這個數據，你

必須應答如流。要做到這點的唯一辦法，就是在簡報前先全盤了解這筆資訊的來龍去脈。

　　不懂資訊深意容易碰上麻煩。要是有人說「艾維夫，那麼你說的這個數據是銷售額市占率還是銷售單位數市占率？」你千萬不能回以「我不知道」或「我看一下」，或甚至是「有什麼分別嗎？」這種最糟糕的反應。一問三不知對你的公信力可沒有一點好處。

資料出處

　　你若希望簡報有信服力，就必須掌握每一筆資訊的出處及其深意。所引用的資料出處最好夠強大，才不容易引起質疑。

▷採用可靠的出處

　　有些資料出處就是特別值得信賴。之所以要採用可靠的出處，主要跟信任有關。你應當設法讓觀眾信賴資訊，而引用可充分查驗的來源出處可確保這一點。很多人信賴《金融時報》和《紐約時報》（New York Times）之類的大型新聞機構。另外，學術期刊也深受信賴，譬如《新英格蘭醫學雜誌》（The New England Journal of Medicine）和《行銷學報》（Journal of Marketing）等等。

　　一般公司對某些資料來源和報告會比較重視和信任。例如我在卡夫食品工作時，大家就十分仰仗尼爾森（Nielsen）公司提供的每週銷售資料。只要引用這筆資訊，沒有人會提出質疑。採用混合模型的公司 Rak & Company 所提供的分析與資料就比較不受信賴，

要是引用 Rak & Company 報告裡的資料，大家一定頻頻發問。

以下三個陳述句可指出來源出處的重要性：

- 新車目前的平均售價為 28,457 美元。
- 卸貨平臺那個鮑伯說，新車目前平均售價為 28,457 美元。
- 據 Cars.com 網站報導，新車目前的平均售價為 28,457 美元。

第一句聽起來有些空泛。這個數據是從哪裡來的？是你編造的嗎？真的可以就這樣相信你的說法嗎？我要是疑心病很重——商場上很多主管皆如此——就會覺得這種飄渺的數據沒什麼意義。

第二句裡的資料有出處，這一點還不錯，可見不是你憑空捏造。然而，整句話看起來卻顯得更不可信。在卸貨平臺工作的鮑伯也許人不錯，但除非公司上下都認為他是專家，否則他基本上不可能知道最新的汽車銷售數據。

引用鮑伯的說法實在是相當不利的舉動。不但數據沒有公信力，光是把鮑伯列為資料來源這件事就足以引起眾人質疑你的判斷力。如果連這個都不懂的話，你的個人品牌一定會受到衝擊。

第三句則是扎實又可靠的陳述。Cars.com 是首屈一指的汽車銷售網站，有管道可以取得可信賴的資料。所以，如果 Cars.com 說現在的平均售價是 28,457 美元，那麼平均售價就真的很有可能是 28,457 美元。

▷列出參考來源

簡報裡每一項重要資訊的來源出處都應該列出來。

如果你說「美國現在有 142,897 臺光譜儀」，這樣的陳述句並沒有不好，但你若是指出此數據出自於《華爾街日報》這類備受推崇的來源，整句話的力道就更強大了。

資料來源應載明清楚。倘若有人想驗證你的說法，你的載明方式必須讓他們能夠追蹤到這筆資訊的來源。比方說，你用了在某網站上找到的某句話，就要把該網站的名稱以及何時瀏覽這段文字清楚列出來。又如果你在美國政府的報告中找到某個關鍵數據，就必須列出這份報告的名稱、日期和頁碼。

用標準列舉格式來寫參考來源是相當理想的實務做法，這種完善的格式給人嚴謹的觀感。一般來說，隨著情境的不同，使用的列舉格式也會不同，因此請確認是否用了正確格式。確認的方法很簡單，只要觀察老闆是如何註明出處就對了。

來源資訊不用太顯眼，把這些資料的字體設得很小也沒問題。縮小字體確實是最好的辦法，頁面上應盡量避免塞入太多資訊。但無論如何，最重要的是參考資料一定要列出來，以備讀者不時之需。

請主動將來源資訊列出。換言之，你應該把列舉參考資料當作例行公事。要是觀眾不得不問起資料出處，會拖慢簡報的節奏。另外更需要注意的是，你應該花時間記住關鍵的分析資料和特別重要的資訊，而不是把有限的精力浪費在背誦資料出處。

檢查數字正確性

處理數據資料與資訊時請切記檢查數字的正確性。數字絕對不能出錯，資料出處、日期和標示都必須正確無誤。

弄錯資料恐造成後患無窮，因此務必盡可能避免出錯。

很多人認為資料有誤就跟蟑螂出沒差不多，只要發現一隻，就知道暗地裡一定潛藏著更多蟑螂。

另外，資料一旦出錯，也會導致結論完全錯誤。比方說把某些數字弄顛倒了，進軍新市場的決策反而失去了獲利的可能，或使你的定價建議看起來並非明智之舉。

有鑑於此，簡報在拍板定案之前，務必花時間仔細檢查所有的事實資料。每一個數字、每一項分析資料都必須詳加檢驗。假如有任何地方看起來很奇怪，又或者有資料的出處不明，最好加以確認及調整。

強大有力的簡報最終一定要有可靠的資料數據作為基礎。卡夫亨氏的伯納多・希斯說得沒錯：「事實比任何觀點都重要。」[8]

10

預先推銷

唯一能保證簡報順利進行的辦法就是預先推銷。倘若可以在正式簡報會議之前，先跟所有重要的參與者碰面，請他們先看過文稿，說服他們認同你的建議，你就有把握這場簡報會有好結局。

很多會議都只是一個形式，會議室裡的每一個人其實早就先看過建議，也表示支持，所以大家來到會議室做的事就是表示贊同並認可該計畫。

預先推銷固然不能保證最後一定會成功，畢竟事情總是有走偏的時候，但在簡報會議前先花點時間推銷你的想法，還是能大大提高你得到眾人支持的機會。

兩種情境

請試想以下兩種情境。

▷情境一

你正準備為手上的業務提出重大建議。這項建議牽涉到權衡利弊，也要做出一些困難的抉擇。眾人對此議題的看法各異，你抱著希望能順利過關的心情走進會議室，結果沒想到你的建議讓大家感到措手不及。有些人反應熱烈，也有些人提出質疑，其他人則需要時間消化，所以沒多說什麼。

這場會議真是關卡重重。面對反對者的提問，你頻頻接招。其中有些問題出乎你的意料，你一下子不知道該怎麼應對，所以只好

被迫搬出經典說詞來幫自己找個臺階下：「我稍後再回過頭來跟各位說明清楚。」

談到最後並沒有達成任何共識。有些人感興趣，有些人反對，有些人非常擔心。多數人還拿不定主意。

此時此刻的你，處境堪慮。這場會議沒有作用，你並未取得你想要的共識。所以你可能得再開一次會，顯然這不是你希望的結果。

然而實際情況恐怕更麻煩，因為現在這場會議的後續已經脫離你的掌控。大家會趁你不在的時候私下爭辯這個建議的利弊。有疑慮的人會去找資料來證明他們的立場有憑有據，然後再去找那些意向未明的人，試圖影響他們的想法。就連原本支持你的人，可能也會因為聽到反對意見卻見你未能加以化解而有所動搖。整個建議胎死腹中的機率很大。

▷ 情境二

你正準備為手上的業務提出重大建議。這項建議牽涉到權衡利弊，也要做出一些困難的抉擇。眾人對此議題的看法各異，但你已經掌握大家的立場，所以走進會議室時心情篤定。這當中有三個人支持你的建議，兩個人有疑慮，而每個人都對此次會議要探討的議題很熟悉。

你的簡報做了兩件事：鞏固支持者的想法，同時也解決存疑者所有的疑慮。從你提出的資料可以清楚看到，你已經全盤考量過所有可能的問題和替代方案。

會議最後就算沒有達成共識，也至少對意見紛歧之處有過一番

徹底的討論。大家侃侃而談，尋求問題的解決之道。

開完會時，大家都做出了明確的決定。

以上兩種情境的差別顯而易見。第一種情況正是因為沒有事先做功課，導致事情脫軌。第二種情況則多虧開會前下了一番功夫，才能奠定成功的根基。

預先推銷這個階段很容易被跳過，大家基本上會直接做簡報。畢竟很多人以為，簡報才是重頭大戲，花時間把簡報做到盡善盡美比較要緊。

但實際上來說，若不先為簡報打穩基礎，風險一定會大大增加。或許簡報還是有機會順順利利，但失守的風險也很大。

別忘了，簡報可以是成就事業的催化劑，但也有可能毀掉你的前程。何必冒險呢？

預先推銷的重要性

預先推銷在簡報過程中是舉足輕重的環節，原因有以下幾個。

▷掌握眾人立場

需要預先推銷的第一個理由是，你必須在開會前弄清楚大家的想法。他們是否支持你的建議？他們是否有任何疑慮？他們是不是堅決反對？

如果事先得知眾人的立場，你就有機會調整做法。若是知道大

家都認同你的建議，這場簡報想必會進行得很順利，這時你可以加快簡報節奏，取得眾人的共識，儘管向前衝。如此一來你便能多花一點時間討論後續行動，跟大家一起想方設法解決未來可能會碰到的挑戰。

反之，若你知道大家不贊成你的建議，這時必須採取截然不同的做法。也許你應該放慢節奏，在提出主張的同時，應特別強調說明每一項重點。另外你也必須解讀觀眾的想法，找出他們反對的理由，並設法解決這些歧見。開會前也應該先跟支持者談一談，他們才能跟你同聲一氣，幫忙宣傳你的建議。

或許，你會決定重新弄過整份簡報，退回到撰寫階段也說不定。這時要特別注意的是，在建構簡報的同時，你的腦海裡應清楚掌握觀眾的輪廓。目標觀眾是哪些人？他們偏好什麼？他們知道哪些背景、相信哪些資訊？倘若你發現你對觀眾的認知有誤，這份簡報大概不會有好效果。這種情況下不如用溫和一點的方式來做簡報，向觀眾提出幾個不同選項並一一做評估，可別賣力宣傳你的建議。

如果情況看起來真的很糟，不妨直接取消會議。既然已經知道建議不被認可，何必還要簡報呢？基本上最好能免則免，不必浪費時間，畢竟現在碰到的分歧與拒絕就已經夠多了。

▷找出反對意見

每次你對他人做簡報的時候，就是在測試自己的論點。你可以從中看到觀眾的反應，找出讓他們面有難色的地方。另外，你也會碰到反對意見，也就是觀眾為何對你提出的計畫有異議。

了解觀眾的疑慮至為緊要，這有助於你找出自身觀點中的缺失。我們本身往往看不出有任何可反對之處，畢竟我們若是不相信自己的建議，就不會把它提出來了。因此，要是發現有人對產能或銷售人員執行上有所質疑，那是一大進展。

　　一旦你弄清楚大家的顧慮，便能著手加以處理。你可以蒐集一些資料數據，消弭這些疑慮，安大家的心。我們有沒有產能？我們有啊！銷售人員能否執行這項計畫？絕對可以！

　　在某些情況下，你可以修改簡報流程，以便挪出空間將這些資訊放進簡報裡。但也有可能碰到一些情況，最好別把資訊納入簡報當中，只需要在做簡報時直接討論即可，或僅作為備用投影片，以免節外生枝。

　　有時候反對意見不但有憑有據且不容忽視，你或許會被迫重新考慮整個建議。對眾人的疑慮置之不理是很容易，但他們的論點往往有其道理。換言之，說不定確實有產能不足的問題，也或許銷售人員真的有執行上的困難。

　　無論如何，請把握這個重點：除非你跟大家談過，否則他們有什麼疑慮你也一概不知。也就是說，你得先和觀眾討論過你的建議，聽取他們的評價。

　　如果找不到問題，未必表示問題已經消失了，這種狀況就好比你在家看不到蟑螂，未必意味著家裡就沒蟑螂一樣。可以肯定的是，問題跟蟑螂一樣遲早會現身。說不定就在你做簡報的時候出現，這可就麻煩了。如果問題在產品上市時出現則大事不妙，整個大局會因為一個計畫之初便已浮現的問題而出了岔子。

▷集思廣益

預先推銷文稿的最佳理由之一，就是可獲得集思廣益之效。你的簡報會因此變得更強大。

也許有人建議你秀出某筆計算過程或講述某個關鍵議題，這些都是很棒的回饋。另一個人或許建議你從競爭態勢或其他某些議題來考量，這些意見也很受用。又或者有人幫你找出了錯字。

你的目標就是在正式簡報之前蒐集大家的想法意見。要是有人在預先推銷會議上問起「數位廣告宣傳活動的收支平衡點為何」就太好了，你可以算算看會有什麼結果。假如這筆資訊有助於支持你的論點，大可將它放進簡報裡。又或者將該資訊記下來以備不時之需，等有人問起時可以馬上提供解答。你也可以在簡報時順道提一下計算結果，不經意地指出「從收支平衡點分析的結果顯示出，本計畫只需要提升 4% 收益，這些成本就花得值得。」

實際在做簡報的時候，現場會有什麼樣的狀況很難說得準。要是有人問起收支平衡點，但你又沒有計算到這一塊，會顯得你準備不充足。你怎麼會沒算到這個數據？這不是很基本的核心分析嗎？

無論眾人提出什麼建言，別忘了針對這些建言進一步採取行動！人碰到某些批評的時候往往忍不住想忽略。比方說有人會問「愛爾蘭那邊的銷路到底怎麼樣啊？」或是指出「我覺得這段文字沒對齊」之類的錯誤。這些都是小問題，所以很容易就忽略它們了。

千萬別這麼做。假如你未能對別人的建言採取作為，會顯得你好像認為他們給的意見不好，或你覺得這些建議都是不值得重視的瑣碎小事。這種態度恐怕沒辦法為你爭取到大家的支持。

你反而應該仔細聽取這些小小的建言。只要處理好這些小地方，就能展現出你不但聽到了他們的想法，而且也十分在乎他們的貢獻。當別人看到你處理了他們提出的見解，一定會覺得你心存感激，對他們的建言也很有行動力。他們也許不會因為你改好表格內沒對齊的問題而謝謝你，但一定會注意到你做了修改。小小的舉動就能贏得他們的心，千萬別放過！

▷ **以示尊重**

正式會議前先安排時間跟大家來個會前會，是一種展現尊重的作為。這個舉動傳達了一個清晰的訊號：「你很重要，我非常在乎你的意見。」這是保證一定可以得到支持的最有效做法。

 預先推銷的做法

你可以安排一系列的小會議，來預先推銷你的簡報。比方說先排定跟業務主管開會，接著再跟市場調研主管開會。每次會議都用同樣的開場白即可，譬如這樣說：「之後因為會有一場『倉鼠專案』的簡報會議，所以現在我想請各位先看過最新出爐的草稿，並徵詢大家的想法和意見。」

要特別注意的是，你給大家看的是草稿，不是最終版本文件。原則上，你可以在封面頁上打上字體放大的「草稿」、「草案」或「初稿」這些文字。要是你帶著最終版文件現身在會議室，大家會覺得你沒有誠意徵詢他們的想法，你只是按照潛規則辦事，做做樣

子給他們看文件罷了。雖然這麼做聊勝於無，卻失去了預先推銷的意義。你真正的用意是希望大家能給你想法與建言。

預先推銷會議最好排在正式簡報日的前幾天甚或一個星期前。與會人士通常都會提出建言，比方說提議你做特定分析，或建議你跟特定人士會面，所以你需要一些時間針對這些意見採取後續行動。也就是說，如果有人認為你可以做特定分析，那麼你就應該找時間把這項分析做好。

重大會議召開在即才安排會前會絕對不宜。與會人士若是提出一些應該修改的地方，你根本來不及作業。如果他們有什麼疑慮，那你的處境就更不利了。雖然你硬是要按照原定計畫開會也是可以，但現在的你一定忐忑不安，因為你得跟那些心生疑慮的人打太極。又或者乾脆先取消會議，然後再想辦法重新安排開會事宜，但這也不是明智的選擇。敲定會議不是那麼簡單的事情，尤其到了最後一刻才延期也等於昭告大家事情肯定出了狀況。這樣一來，等到你好不容易終於做了簡報，觀眾也許會用更存疑的眼光來看事情。

碰到這種狀況的話，寧可跳過也別硬是要擠出時間開預先推銷會議，直接做正式簡報比較好。

另外，在向大家講解草稿時，應仔細觀察大家的反應。他們是否點頭？臉上是否有笑容？有沒有皺眉頭？或從基本面來看，他們感不感興趣？這些反應都是很寶貴的資訊。

務必趁這個機會徵詢大家的意見。他們還想知道哪些資訊？哪裡有缺漏？他們覺得有什麼問題？

預先推銷會議結束後，別忘了採取後續行動。有些人會花一點時間整理思緒，這一點值得仿效。兩天後寫個電子郵件徵詢與會人

士的看法也是很管用的做法，譬如你可以這樣寫：「蘇珊，很高興星期二那天跟你碰面，我想進一步了解你對我提出的建議是否還有其他問題。若是你方便的話，我很樂意去找你討論。」假如有人對你的建議有疑慮，不妨安排第二次會議，這個舉動顯示出你把那些疑慮都聽進去了，也為此仔細思考過並有所應對。

烤肉醬教會我的事

我是在重整卡夫烤肉醬業務的過程當中，體悟到打穩基礎有多麼重要。烤肉醬業務多年來歷經強打折扣和降低成本的做法，而走到了危急關頭。銷售成績看似理想，但這並不是一條可以走得長遠的路。

解決之道已經很明顯：取消折扣，改善產品品質，投資新廣告，以利重建消費者的觀感。這是在投資品牌的差異化和品質，對烤肉醬業務而言也是重大轉型。問題在於這套方案十分燒錢，實施後頭兩年的獲利一定會大幅下滑。

後來終於到了要跟部門主管彙報這套方案的時候。他想多了解該方案及其預期影響，而該方案也唯有經過他認可才有施行的可能。

於是我埋首於設計簡報，跟我的團隊合作說故事，用可靠的資料來佐證重點，論據可以說十分充分。

初步簡報完成後，我便安排跟跨部門同事開會，也就是之後都會來參加正式簡報會議的各部門同事。業務主管、市場調研主管、

財務主管、營運主管等等，我都分別與他們討論過。每場會議我會請大家看過整份簡報，並一一解答每位與會人士所提出的問題，徵詢他們的建言。開完會之後，我再按照他們的意見修改文件。

等到正式會議那一天，我有把握這場簡報一定會很順利。現在唯一沒看過最終版簡報的人就是我們部門的主管，其他人都已經十分了解我會談什麼內容。

簡報相當成功。目前的情況和相應建議我都解釋清楚了。我一做完簡報，部門主管立刻詢問其他跨部門主管是否贊成我的方案。不出所料，正因為我下了一番功夫預先推銷，大家都一致表示認同。

我們持續向前推進，約莫一年過後，由於產品品質提升再加上品牌權益更強大，卡夫烤肉醬的獲利有了成長，整個業務表現開始轉好。

11

準備與演練

隨著簡報的日子逐漸接近，準備和演練也變得迫在眉睫。唯有專注於每個細節，才能確保一切順利。倘若你到簡報那日之前都能保持專注，打好成功的基礎不是問題。

有些人以為簡報順其自然就好。先定好時間，時間到了就上場開講。但實際狀況卻鮮少如此。說到準備的必要，商務簡報跟舞臺劇有很多共同之處。演員除非已經深刻掌握了自己的角色，否則絕對不會上臺。別抱著「我其實也不知道該做些什麼或說些什麼，反正試試看就對了」的心態，臨場才發揮可不好。即便是即興演員，他們站上舞臺的時候腦海裡也會有個大致的流程：先做這件事，這件事再導出下一件事。

準備不夠充分就上臺，那麼這場演出十之八九會搞砸。演員講臺詞會吃螺絲，對位時機也銜接不上。眾演員在舞臺上的動線亂七八糟，說不定還有人絆倒了。看過服裝秀彩排的人就見識過這種情形。事情有些亂糟糟，一點也不到位，沒有流暢感可言。你知道眼前的這一切根本還沒準備好。

簡報講者同樣也有必要做好準備。沒做足準備之前，別貿然上場，你必須清楚知道簡報會有什麼狀況。一點點的準備，就能大大提升簡報的品質。

前陣子我就在凱洛格管理學院行銷策略課的班上見識到準備的重要性，當時我為一名新來的專題演講人擔任主持。我經常邀請專題講者到班上來介紹時下最新的案例，為學生闡述我們在課堂上所探討的觀念是如何在現實世界中體現。那位講者讓我了解到，準備其實就是成功與否的關鍵。講者初次來到凱洛格的課堂，不一定要做得多完美。這裡的環境因為具有十分獨特的動能而顯得特別，

學生往往要求很高，汲汲於追求真知灼見與學問。也因此，我在課堂討論開始之前，預先進行了兩場對話。首先，我跟講者聊天，建議他多跟班上學生互動。我特別鼓勵他可以直接指定學生回答。主動指定學生發表意見有助於激發對話，這通常是講者最有力的武器。比方說你想要大家對移民這個主題展開辯論，不如直接叫某某學生發表他的感想，接著再點另一名學生問他同意不同意這個想法。一場你來我往的討論就在不知不覺中進行了。

這個做法非常適合專題演講人。講者如果拋出「各位有什麼想法？」這類問題，多半激不起什麼漣漪，講者只能一臉尷尬乾坐在那兒。倒不如提出一個比較明確的問題，然後指定某學生來回答，這樣一定可以刺激大家的反應，譬如你可以這樣問：「蘇珊，你覺得麥當勞的餐點怎麼樣？」

再來，我又跟全班學生聊了一下。我跟他們說一般講者只要講個一個半小時，通常就會拖到整堂課的時間。很少有人能專心這麼久，所以這群學生的任務就是盡可能發問。沒有人不喜歡回答問題，所以提出很多問題根本不是問題，講者隨時都可以停下來回答。結果如何呢？那堂課的效果棒極了！講者的表現很成功，整場演講和學生的發問讓他充滿活力。學生們也愛死了那堂課，趣味十足又大開他們的眼界。這位講者充滿互動的演說形式深得學生的心。

可想而知，這並不是順其自然的結果。我在事前悉心營造情境，把成功的可能性提高到最大。那次活動的啟示很簡單：簡報前一定要做足準備。你必須下功夫打好基礎，才能確保一切順利。

準備

簡報前的準備工作必須考量到以下幾項重點。

▷人

準備過程中最重要的環節就是「人」。能請到對的人來參加簡報嗎？要是你希望在會中能做出決定，勢必就得讓所有重要關係人士都到場。

應該到場的人若是沒出現，事情就很難有進展。可別簡報到最後，只能用這樣的說法收尾：「我們其實非常需要聽聽營運團隊的意見，才有辦法做最後的決定，所以我們會在幾週內定好時間跟馬西亞討論看看。」這就表示，這場簡報你還得再做一次。

先仔細想想應該邀請多少人來參加。通常一不小心就會請很多人來開會，因為跨部門的同事說不定都很想參一腳。比方說有些資淺人員就想見識一下。請暑期實習生來參加，讓他們看看開會的情況也是不錯的事。

不過觀眾太多的話容易妨礙對話的進行，這是比較麻煩的問題，尤其你的重要決策者又偏好小團體討論的話更是如此。

與會人士的挑選應以你的目標為準。你做簡報可不是為了訓練別人或製造娛樂效果，而是為了完成某個目標。

▷場地

場地也是準備簡報會議時需要考量到的環節。你是否已經預定了適當場地？環境十分重要，因為所處空間會對我們的感覺和行為

表現有顯著的影響。我會利用後面篇幅探討如何布置簡報環境。這個階段的準備主要是著重在定下適當場地。

預定的場地應大小剛好。觀眾不會想擠在狹窄的空間裡，這樣不但不舒服，還會影響心情。況且如果椅子不夠坐的話，那麼簡報才剛開始就要花五或十分鐘去找椅子來讓大家就座，這實在不是時間有限的情況下該做的事。

場地太大也不宜，因為空間過大會讓人茫然。一個只有四個人的會議卻用到禮堂真的很不實際，況且空蕩蕩的場所反而讓人覺得既渺小又不安。

場地預約的起始時間起碼要從簡報開始前的半小時算起，你才會有充足的時間可以布置和整理場地。也就是說，如果下午 2:00 開會，場地預約就真的從 2:00 起算的話，你一定會太倉促。前一組人馬的會議說不定開到 2:00 甚至 2:05 才結束，要是碰到這種狀況，你一定要手腳飛快才有辦法把場地打點好。

▷ 紙本簡報的發放

該不該發紙本簡報給大家？如果你決定發紙本給觀眾，那麼什麼時候發會比較好？開會前先發，還是等簡報結束後再發？這些也都是重要的考量點。

當然在簡報會議之前，為了解重要關係人士的想法，你應該已經先跟他們開過會，請他們看過重點，也因此在正式簡報之前，他們也都看過你的部分分析資料了。所以現在的問題是，何時把最終版本的簡報發給大家比較好。

通常，這個時機點取決於觀眾。換句話說，假如執行長想事先

拿到紙本，就應該先給他。舉例來說，我在策略公司 Booz Allen 工作的時候，有一位上司就很堅持至少一定要在會議兩天前拿到紙本簡報，我都會照做。

我比較喜歡快開會時再發紙本簡報給大家。觀眾有了紙本，就可以做筆記。倘若他們分了神或想多看一下某筆分析資料，手上就有紙本簡報可以來回翻閱。另外，他們也不用擔心記不了所有重點，紙本簡報可以減輕焦慮，讓他們更安心。

若是在開會前一天或前兩天就將紙本發給觀眾的話，問題會比較多。從某方面看，這確實讓大家有機會可以看過簡報，並稍微先思考一下。當然這些過程也都是在你沒有從旁解說的情況下發生的，你也只能仰仗書面簡報來替你陳述論點。

預先發送紙本還會碰到一個問題，那就是一定會有人先讀過，有些人卻看也沒看，這往往會在會議上造成一些緊張。先看過紙本簡報的人希望簡報節奏加快，甚至不想從頭看起也是有可能的，他們只想趕快發問和辯論想法。這樣一來，你就沒辦法好好完整說故事了。沒先看過紙本的觀眾會很茫然，他們想從頭到尾看完簡報，但因為沒事先讀過，根本沒辦法針對紙本加入討論的行列。

多多演練！

我跟不少高手聊過有什麼最佳實務做法可以讓講者在臺上大鳴大放，結果他們總是會提到這個建議：多多演練！

一般人不可能一上臺就能侃侃而談做簡報，至少大部分的人做

不到。沒有演練過，你就會糾結在太多的細節或故事裡，又或者你會講解得太快而跳過很多重點。也或許你舉的例子效果不彰，甚至更麻煩的是，這些例子根本無法支持你的論點。

　　屬害的講者一定會演練。英國首相邱吉爾每次演講前都會認真做準備，40 分鐘演講他會練習六到八小時。賈伯斯也一樣。卡曼・蓋洛寫道：「這就是賈伯斯的簡報祕訣，他會彩排好幾個小時。更確切來說，他會幾個小時幾個小時地練，甚至好幾天好幾天地練。」[1]

　　以下幾項建議有助於你做充分的演練。

▷ 把投影片從頭到尾講解一遍

　　演練時應當逐頁講解投影片，並且想一想你要表達的重點。這麼做不是為了把講話內容背起來，死記硬背不是有效的做法，你反而會因為想把內容背起來而把自己搞得緊張兮兮，也會顯得不自然。逐頁講解投影片主要是為了掌握整份簡報的精神，如此才有利於你好好說故事。

　　一定要實際做簡報，開口說出來，這種事情光在腦海中演練沒有用。針對每一張投影片你該說些什麼才好？簡報教練傑瑞・魏斯曼的建議是：「要做好簡報的準備工作，**唯一**的辦法就是大聲講出來，就跟正式簡報那天要做的事情一樣。」[2]

　　另外，做簡報時也應該配合手勢。簡報各頁內容時該做哪些動作？需要指著某個數據嗎？需要花時間解說某項計算過程嗎？

　　你只要站起來，對著辦公室的檯燈或盆栽把簡報講解一遍，就是很好的演練。

　　你也可以對同事演練簡報。請幾位同事到某間會議室，然後

逐頁向他們解說投影片。做起來可能會覺得有些尷尬，不過卻很有效果。

把自己做簡報的樣子錄下來也是不錯的辦法。先裝好錄影設備，然後開始做簡報，做完簡報再回過頭來查看錄影畫面，仔細觀察並檢討自己的表現。這個過程很痛苦，但效果相當好。個人品牌專家布蘭達‧班斯（Brenda Bence）指出：「觀察自己的舉手投足會讓人眼界大開。也許這種事稱不上愉快，但基本上一定可以讓你找出還需要努力改進的地方，有助於提升自己給別人的觀感。」[3]

▷ 找出談話的重點

在演練簡報的時候，應著重於找出講話的重點。有任何特別的故事可以支持你的論點嗎？投影片上是否有哪一項資訊特別重要？

在各頁面上寫點筆記是挺有用的方法。筆記不必寫得太詳細，因為你不可能真的去讀那些筆記。譬如你只要寫下「這個地方提一下哥倫比亞業務的故事」或「問問大家有沒有看過去年的淨推薦分數是多少」這類筆記作為提醒即可。

請務必把每個段落都仔細想過。這個故事能不能增強你的論點？卡曼‧蓋洛這樣建議：「演練、演練、再演練。天下沒有白吃的午餐，每張投影片、每次排練和每個關鍵訊息，都要一再地檢討。」[4]

做完這些步驟，你大概就已經把自己的簡報融會貫通了。每一張投影片、每一個講話重點，應該全都在你的掌握當中。當你已經準備到這種程度，就不需要筆記了。

▷留意時間

　　控制時間並不容易。時間應該用來解說重要的內容，而不是花在不重要的頁面上。也許你有幾個很棒的故事可講，這些故事雖然跟某些論點有關，但那些論點卻不是頂重要，那麼最好還是拿掉這些故事比較好。你可能會下不了手，畢竟人都會忍不住想講精采的故事。可是話說回來，將寶貴的時間用在沒那麼重要的論點上是不切實際的事情。

　　一般而言，簡報最好比預定時間提早結束。也就是說，簡報時間如果排在 10:00 到 11:30，就應該盡量在 11:15 的時候講完。這樣的時間規劃可以讓事情順順利利。倘若真的能在 11:15 結束的話，觀眾樂得有多餘時間可以查看電子郵件、弄杯咖啡來喝，或者是打打電話。趁早結束會議基本上是好事一樁。觀眾如果有很多問題要問，你至少還剩下一點時間可以處理，你可以先喘口氣，然後再充分回答觀眾的提問。

　　千萬別把簡報內容塞得滿滿的。倘若你就是打算把時間用滿，那麼即便觀眾提個簡單的問題都會拖到你的時間。這樣一來，到了會議接近尾聲的時候，你只能做出一些糟糕的選擇。

　　選擇一：你會倉促草率地講過去，不顧一切把簡報做完。這樣做不可能有好效果，只會讓你講話變快，匆忙帶過內容。

　　選擇二：你打斷觀眾的提問，譬如你會這樣說：「約翰，很高興你提供的意見，但我得繼續往下講。」這種做法比選擇一更糟糕，因為你現在的說法其實就是要約翰閉嘴，約翰心裡一定不是滋

味。別忘了，你的目標是要爭取觀眾採納你的建議，所以你需要大家跟你站在同一陣線上。

選擇三：你解答了所有提問，但也因此做不完簡報。這個選擇很糟糕。也許你決定另外再找時間把簡報補完，但這基本上不會實現，又或者你指望大家回到辦公室以後會讀一讀你的紙本簡報，但千萬別妄想他們會這麼做。請務必在會議尾聲留一點時間讓大家達成共識，或至少可以審閱一下後續的行動，這樣一來所有人才會對接下來的狀況有個概念。

由此可見，控制時間太重要了，寧可多留一點時間，也不要把時間算得太緊。

但問題是會議的流程並非你可以完全控制。或許有人提出一連串問題，逐一回答也需要時間。又說不定副總岔開話題聊起旅行計畫，時間又這樣耗掉了一些。

這些狀況有時候會讓人覺得很挫敗。一場討論定價的會議開到一半，就有人說：「蘇珊，家樂福（Carrefour）那邊對店內季節性促銷的構想有回傳什麼消息嗎？」

蘇珊回說：「有的，大衛，他們說 10 月 9 日那週沒辦法，所以問我們可不可以把促銷活動移到隔週。」

結果這段對話就這樣開啟了。「米格爾，行銷團隊那個星期有辦法進行嗎？」

「實在沒辦法，大衛，那週我們剛好要開好幾場全國銷售會議。」

「蘇珊，要不要請家樂福改成 11 月初呢？那個時間點更好。」大衛說。

蘇珊接著回說：「我會問問看。不過那個類別的產品在 11 月初可能不好賣，山姆，你可以確認一下嗎？」

看著臺下如火如荼地討論，你一臉尷尬站在會議室前方，不知道該怎麼繼續講下去。

提要報告之所以是簡報不可或缺的一環，時間是很大的因素。你應及早在會議當中確立重點，這樣的話就算事情有變，至少也不會落得一場會開下來連主要重點都沒講到的窘況。提要報告其實就等於你的災難應變計畫。

▷ 隨時修改

人總以為事情會朝一種理所當然的路線發展，按部就班朝著目標向前邁進。我們有時候對簡報也抱著同樣的思維：先寫好內容，接著再演練，最後實際做簡報。

但在很多情況下，事情的發展並非如此井然有序，整個過程會不斷循環。我們總是在後退，一再回到先前的步驟。

演練階段往往可以發現簡報的缺失，比方說某一頁少了佐證資料。資料有所缺漏的話，別人憑什麼相信你的陳述呢？你的陳述又不夠清楚。有時候是感覺到流程不大順，投影片的次序怪怪的。也或許是顯而易見的問題，但簡報卻沒有加以解決。

若是碰到這種狀況，請回過頭來把簡報改好。有必要的話就改流程，增加更多資料數據或變更簡報架構。

這也是在最後關頭難以產出一份優質簡報的原因之一。如果拖

到重大會議前一晚才著手排練簡報，就沒有多少時間可以修改了。要是你已經把紙本簡報發出去，流程再怪也只能將就著用。

▷請教練輔導

假如你的簡報實在做得苦不堪言，請溝通教練指導你說不定會有很大的幫助。教練可以為你指點迷津，提供你一些建議。

教練的價值就在於他們通常對簡報駕輕就熟，也很樂意實話實說，提供回饋意見。朋友和同事或許沒辦法說真心話，畢竟指出別人總是每說完一個句子就會冒出「你知道的」或「嗯」這類口頭禪，對他們來說很難為情。

請教練來指導會讓你精神壓力變大、荷包縮水。不過話說回來，簡報是這麼重要的事情，所以這筆金錢投資所帶來的報酬想必值得。傳奇投資人巴菲特正是因為去卡內基訓練（Dale Carnegie）上課，才克服了對公開演講的深層恐懼。他表示：「我如果沒去卡內基上課，這輩子肯定不會有現在的發展。」[5] 曾任卡夫食品、納貝斯克和吉列等公司執行長的吉姆‧基爾茲對簡報沒輒，於是便找教練來協助他。他指出：「雖說以疼痛和痛苦的角度來講，演講訓練算不上什麼肉體折磨，但真的是一種損耗——尤其是心靈和自我認同方面。」[6]

12

場地的準備

幾年前，我有幸觀摩凱洛格管理學院一位同事所教的健康醫療產業課程。那真是一門增廣見聞的課，我學到很多。這位同事不但是該領域的專家，也是教學經驗非常豐富的老師。

不過，這位教授抵達課堂授課的情形讓我頗為詫異。這門晚上 6:00 開始的課，他卻總是 5:58 才走進教室，雙手拿著厚厚的講義和筆記。接著他手忙腳亂準備東西：他先打開電腦，啟動投影機，將所有教材分類好。不出所料，這堂課經常出很多狀況，不是投影機故障，就是聲音連不上。也因此，大家會看到他跑上跑下，努力排解問題的模樣。他看起來壓力很大、焦慮不安。

但值得讚賞的是，大多數時候他或多或少都能及時上課。雖然未必能準點上課，但不至於離譜，所以學生似乎也不介意。可是還是有幾堂課情況實在太混亂，導致晚了十或 15 分鐘才開始上課。

開頭的混亂讓這堂課失去了成功的機會。教授緊繃又煩躁地開始上課，以致於頭幾分鐘講得不是很順暢。過了一會兒之後，他放鬆了一些，但衝勁也減弱了。從學生的角度來看，課堂一開始就出現各種錯誤訊息。首先是焦慮，學生從慌慌張張的教授身上感受到這一點。再來是當學生注意到教授如釋重負、心情放鬆的同時，也發現教授上起課來愈來愈沒活力。

一堂課應該用正面能量和期待感作為開始，甚至說有點興奮才對。但可惜課前的匆忙倉促定下了完全相反的基調。

最近我觀察了別的講者為課堂做準備的情形。這位講者很早就到教室準備好資料。他先檢查電腦和音效，接著擺好筆記。開講前十分鐘，他在教室裡走一走，跟學生閒聊。他問學生的家鄉在哪，從事什麼工作，也問學生想從這堂課學到什麼東西。

雖然只是輕鬆地閒話家常，卻傳達出一些重要訊息。首先，這種做法展現了講者的自信以及掌控情況的能力，這堂課一定會很順利。其次，從中也可以感受到講者很在乎現場的學生。這些訊息可以說已經預告接下來的課會很成功。

基本上，唯一能確保簡報順利進行，同時也最簡單的做法，就是提早抵達現場，打點好一切，把場地安排妥當。

場地的準備工作之所以重要是有原因的。其中最重要的原因很簡單：透過準備可以先發現技術問題並加以排除。通常多多少少都會有一些技術問題，畢竟科技並非十全十美。所以如果你把時間算得太緊，沒有特別提早到場的話，要是出現不可避免的問題，就會手忙腳亂。若能早點抵達現場，才有時間解決問題或想出其他替代方案。

提早到場也會讓你比較放心。當你知道一切都已打點妥當，自然會安心許多，也能靜下心來。簡報是一種壓力很大的活動，要是出現技術問題只會增加你更多壓力。時間如果充裕，你就不會一直感到憂心。你可以做個深呼吸，翻翻筆記，跟與會人士聊聊天或再倒杯咖啡來喝。

場地的準備工作有以下幾項。

提早抵達

提早抵達會議現場是最重要的事情了。如果是在辦公室做非正式簡報，那麼大概提早 20 分鐘即可。但如果是大型活動，則應該

更早到，也許提前一個小時以上比較恰當。

做簡報的壓力不小，可別因為快遲到了讓自己壓力更大。《金融時報》專欄作家露西‧凱勒薇（Lucy Kellaway）建議：「務必提早到場，把因為遲到而加重演講壓力的風險降到零。」[1]

若是拖到最後一分鐘才現身，就沒有時間可以做調整了。這時觀眾已經陸陸續續入座，時間所剩不多。你很難在這種情況下重新安排和排解各方面的問題。假如你有多餘的時間，就能重新配置場地，也可以請求技術支援。必要時，你還有時間想替代方案。

幾年前我有幸向 200 多位西北大學校友簡報有關超級盃廣告的主題。我抵達現場之後，很快就發現電腦的音源有問題，這表示廣告雖然可以播放，但觀眾聽不到聲音。這就麻煩了，觀眾要是聽不到廣告的聲音，我就很難把超級盃廣告的簡報講得有聲有色了。

不過我知道時間還夠，因為我提早了 40 分鐘到簡報現場做準備。我也知道離簡報場地一條街以外的地方有一家百思買（Best Buy）電器門市。我馬上衝去百思買買了一套高品質的 Polk 喇叭，再跑回來。我把喇叭裝好，一切準備就緒。等待觀眾入場的同時，我跟活動主辦單位閒聊，這當然也給了他們我這位講者已經做好充分準備的印象。大多數人根本沒注意到我上氣不接下氣，西裝裡汗流浹背。

在大部分的情況下，一場普通簡報至少要提早 45 分鐘到場。觀眾大概會在簡報開始前的 15 分鐘才出現，所以你有 30 分鐘的時間可以把場地打點好。

如果在你之前還有別人在做簡報，建議你可以當他們的觀眾，聽完全程。這多少會讓你對觀眾有大致的了解。另外，等你簡報的

時候也可以回過頭來參考他們的素材。就算沒有什麼可參考，至少可以確定你準備的笑話不會重複！

　　有時候你會碰到前一位講者報告完之後，你緊接著就要上場，中間沒有休息時間的狀況。這種情況比較麻煩，因為通常觀眾的心理還是需要一點時間從前一個主題轉換到下一個主題。不過話說回來，主辦單位既然說沒有休息時間，那你就必須按照他們的規畫走。

　　這種情況下，你一定要特別早到，在上一位講者開始簡報之前，就先把你要打點的東西安排妥當。換手時應流暢地銜接過來，這唯有盡可能提早到才有辦法做到。

檢查設備

　　近年來不可思議的科技發展，讓簡報的功能更強大。我們可以用鮮明的色彩來投射投影片，在簡報中播放影片，也能用互動式平台向觀眾做問卷調查，還可以隨意切換投影片。這些功能令人讚嘆，未來的簡報技術在科技的加持之下，勢必會攀升到另一種層次。

　　然而比較麻煩的是，這些科技平台也有不靈光的時候。比方說，投影機完全沒辦法操作，或雖然可以投影，但比例跑掉了。有時也會出現音源線沒有作用，投票系統連不上的狀況。連找個人來處理這些技術問題都不是那麼容易。作家凱瑞・林寇維茲說得好：「這是一條鐵律，你會發現即便是技術最成熟的公司，面對品質愈

高的視覺音效系統，現場懂得操作的人就愈少。」[2]

技術問題事關重大，要是這方面出了狀況，觀眾會覺得很煩，沒有人想枯坐在那兒等你解決問題，讓電腦可以運作。時間是很寶貴的。除此之外，技術問題也會讓你看起來很狼狽。觀眾可不想看到他們最能幹的講者死盯著投影機，巴望著機器能正常動起來，或看著他把線亂接一通，試圖接好裝置。

避免發生技術問題的方法很簡單，只要提早檢查每一樣東西就可以了。

▷ 試放影片

就我的經驗來說，影片衍生的問題比較多，所以簡報之前務必做一連串的特別檢查。

影片是一種很棒的工具，可以用來活絡簡報的氣氛。好笑的影片逗大家開心，情感張力大的影片讓觀眾悲傷、希望滿滿或燃起鬥志。

但麻煩的地方在於影片常有運作上的問題，不是影片放不出來，就是放到一半就當掉了，再不然就是只有畫面沒有聲音，又有些時候畫面和聲音不同步，亂得讓人很心煩。

寧可省略不用，也別硬是要用可能會有問題的影片。一支播起來狀況頻頻的影片會顯得你沒做足準備，觀眾心裡也會產生壞印象。他們會因為沒能看到一段可能很精采的影片而覺得可惜。

因此，為了避免發生上述問題，簡報前務必測試每一支影片，多放幾次確認影片一定可以播放。若影片有任何問題，也能及早知道，方便修正或乾脆拿掉影片。

必須連上網路才能播放的影片特別容易出狀況，因為網路連線一有問題就麻煩大了。所以如果可以的話，最保險的做法就是將影片下載下來。換言之，假如這支影片對你的簡報來講事關重大，就一定要事先下載影片，依賴網路連線的風險太大了。

▷試音

一場簡報的精髓就在於聲音，這是顯而易見的道理，但令人驚訝的是，鮮少有人會花心思把場地的音量調整好。

在很多情況下，麥克風可以說是你的最佳籌碼。

所以在開始做簡報之前，應該先花一點時間評估音量並加以調整。音量要夠大但又不能太大，才不會顯得吵雜又讓人分神。由於場地坐滿人之後會有消音效果，所以當場地空蕩蕩的時候，先把音量調大聲一點。請先試音完畢，別讓觀眾枯等。

有些人會忍不住問臺下觀眾「後面的各位聽得到我的聲音嗎？」藉此評估音量的大小，但這不是明智的做法。聽不清楚的人通常還是會豎起大拇指，表示他們聽得一清二楚，大概是不好意思承認自己聽不清楚的關係，雖然他們大可不必如此，因為你真心希望他們能實話實說。但是別忘了，觀眾要是聽不清你講的話，那是你的問題，不是他們的問題，所以請務必將音量調整好。

▷排練簡報

最好的排練方法就是從頭到尾演練一遍簡報，確認所有的環節。這種做法可以讓任何技術問題無所遁形。你不必真的一字一句發表簡報，現在不是練習簡報的時機點，你只要大致翻過去即可。

實際播放投影片和影片，想想看你在講解每個重點時會做哪些事情。這段動畫效果確實是你要用在簡報當中的嗎？前陣子我做了一場簡報，主要是介紹十項學習訣竅。我先從第十項開始講解，然後一路講下去。一切都很順利，直到我介紹到第五項。事情從這裡開始就不對勁了，介紹完第五項之後，竟然跳出第二項，然後變成第四項，接著又跳出第一項，最後是第三項。那場面有點糗。

如果你打算一邊做簡報一邊跟觀眾互動，那麼你會需要名牌嗎？假如你要在白板上把想法寫下來，就實際走一遍到白板那邊。白板那裡已經準備好筆了嗎？把每一樣東西都檢查妥當會讓你更有信心，並確保簡報順利進行。

 場地安排

做簡報前先研究一下場地的配置並做好調整，才能讓你做起簡報來更加得心應手。

場地的安排有很多種做法，比方說準備圓桌或長方桌，椅子則繞著桌邊放。也可以請觀眾一排一排或圍個圓圈入座。另外，還可以把場地布置得像教室一樣，觀眾全部面向前方，又或者用工作坊模式分組入座。

座位的安排基本上還是看實際情況而定。假如觀眾人數多，那麼一排一排的座椅會比較適合，這是唯一能容納所有觀眾的排列方式。要是觀眾的人數不多，座位就可以散開一些，考量使用其他排列方式。

你的簡報若是注重小組對話，擺幾張桌子自然是應該的。將觀眾分組之後，就可以請他們到各組桌邊坐下來討論。但如果不打算進行分組討論，那麼擺桌子就沒什麼意義了，有些觀眾反而會被迫把椅子轉向，才能看到站在臺前的你。

▷為自己留一點活動空間

打點場地的時候，很容易就忘記應該幫自己留一些空間。

想把簡報做得有聲有色，就必須四處走動。偶爾揮一揮手臂，偶爾稍微走動一下，這場簡報才會生動又有活力。當然，你得有一些空間才有辦法走動。

稍不留意你就會發現自己站在桌邊，跟投影機和螢幕靠得很近。不是實際做簡報的人在安排桌位的時候，往往會用他們覺得理所當然的方式去擺設。他們沒有從講者的角度來思考，所以場地的擺設可能會變成像圖 12-1 一般：

圖 12-1

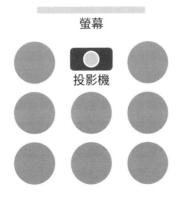

這種配置的問題在於會讓身為講者的你沒辦法走動。你只能在周圍約一公尺的範圍內移動，超過就會碰到別人。也就是說，你得緊靠著螢幕的左側或右側站才行。

這時，只要把所有桌椅往後推個幾公尺，在場地的前方拉開一些空間供你利用，就可以解決問題。

從圖 12-2 可以看到，這種排列方式開闢了一些空間，方便你走動。你可以往前和往後移動，從場地一側走到另一側也沒問題，只要繞過投影機走過去即可。動線看起來很自然，而且還多出了額外的空間。

有一點要特別注意，移動桌椅是一件極度干擾人的事。所以只要觀眾開始入座，就別再動桌椅了。一旦大家把公事包和手上的資料放下來，基本上你就受制於場地目前的配置。這也是為什麼提早抵達簡報現場如此重要，這樣你才有機會重新安排擺設。

圖 12-2

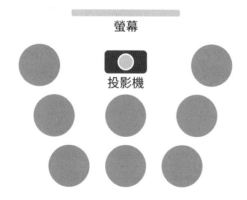

▷留意投影機的位置

注意投影機的擺放位置是場地準備的重要事項之一。

做簡報的時候不可擋住投影機。講者自己不應該站在投影機光線直射的地方，這樣會有兩個問題。第一，亮光會讓你短暫視盲，導致你看不到場內其他人。第二，你站在受光面時會害觀眾看不到螢幕上的東西。

所以萬萬不可站在投影機前方。只要走進投影的光線裡，你一定會感覺到觀眾的臉都皺了起來。

簡報之前請先在場地走一走，檢查光線投射的方向。原則上，如果你看到亮光射進你的眼睛，就代表你擋住投影機了。注意投影機光束的走向，就能抓出「安全空間」和「地雷空間」。

圖 12-3

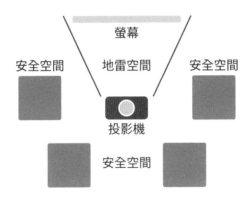

假如你需要從螢幕的這一側走到另一側，最好繞著投影機走過去，這樣你就不會擋到光線。這也表示你需要在投影機周圍

拉開空間。

▷善用活動掛圖

準備好活動掛圖或白板對你大有益處。也許你用不上這些工具，但在板面上寫東西是蠻重要的簡報技巧，你可以用這種方式詳細解說某些重點。

只要是能在上面書寫的平面即可。做簡報之前先把書寫板面備妥，方便隨時取用，同時也要確認書寫工具使用起來沒問題。

務必檢查麥克筆！麥克筆分為油性和水性，別用錯了。要是用油性麥克筆在白板上寫字，白板就毀了，很難再清乾淨。

如果白板和活動掛圖這兩種工具你都準備的話，事情會比較複雜一點。如果兩種工具都備妥了，只要把油性麥克筆都收起來就好。這表示你只能用水性筆來寫活動掛圖，雖然不是很理想，但還是可以書寫，而且也不會有誤用油性筆而毀掉白板的機會。簡報進行到一半，水性筆和油性筆其實很容易搞混。畢竟你還有很多其他事情要顧慮。

筆的顏色也很重要。用綠色或紅色的筆寫出來的字，觀眾比較看不清楚，這些顏色不如藍色或黑色來得顯眼。

▷別用講臺

某些場地的講臺構造很有氣勢，顏色深沉、體積龐大，存在感十分顯著，所以不用它真是說不過去。只要有講臺，你就可以把筆記放在正前方，筆記的旁邊再放臺電腦剛好。你可以靠著講臺說話，清楚知道自己該站在哪裡。

但最好別這麼做。

能把講臺搬走最好不過，或至少將講臺移到旁邊或推到其他小房間。不管你怎麼做，別讓講臺擋住動線就對了。

講臺的問題很多，其中一個就是它會成為你跟觀眾之間的障礙，限制彼此的互動和觀眾的投入。你和別人之間若隔著一個講臺，會不利於雙方進行深入對話。簡報講者的目標就是要跟觀眾連結，抓住他們的注意力，把他們吸引過來。講臺無濟於事。

講臺也會限制你的走動範圍。假如你站在講臺後方，你就不能四處走動。你沒辦法靠近觀眾，也很難往後移動，想去活動掛圖那邊寫個東西也無法順順地走過去。你能做的大概就是自由地揮動手臂，但如果你把手臂放下來，又會被講臺遮住。

講臺最大的問題大概就是你會因此不想抬頭挺胸。因為忍不住靠著講臺的關係，導致你氣勢不足，使你看起來渺小又軟弱。

大型講臺說不定還會把你整個人遮住，對中等身高的人來說尤其是個麻煩的問題。這種講臺的高度有可能蓋住你的四肢軀幹，顯得你好像從講臺上方冒出來偷窺一般。這個畫面不利於你營造氣場強大的領導風範，也無助於觀眾建立對你的信心。而且，那模樣看起來太傻氣了。為什麼每次美國總統大選的辯論前夕，候選人都要斤斤計較講臺高度，原因就在於此。

有些講臺可能沒辦法搬走，也許是太重了，或講臺有電線接到地板上，甚至用螺栓固定住。碰到這種情況的話，要不就完全忽略講臺，視而不見，要不就是刻意利用講臺。譬如你一開始可以先在講臺後面介紹第一張投影片，接著你往講臺前方移動。這個動作顯示出是你在控制這個空間、是你刻意如此運用空間的訊號。

千萬別受制於講臺！有些人會離講臺遠一點，但又只站開個幾公尺，看起來更怪。那種樣子有點像小孩學游泳，剛開始都會靠泳池的牆壁很近，好讓自己安心。

▷把電腦放在適當位置

準備場地的時候有一件事經常被忽略，那就是決定電腦的擺放位置。

把電腦擺在你正前方、放在講臺或投影機桌面上似乎剛剛好，看起來既自然又令人安心，感覺是最適合不過的位置。

不過很可惜，這些都不是放電腦的理想位置。如果電腦就放在正前方，你會忍不住一邊做簡報一邊盯著電腦。畢竟那是個螢幕，我們都很習慣看螢幕，這是我們一整天都在做的事情。螢幕上的亮光會吸引目光。

眼睛盯著電腦看會疏遠你和觀眾之間的距離。你看得到電腦，但觀眾看不到。另外，你也會因此不想走動，因為你只想定在電腦前，哪裡都不想去。

做簡報時最好偶爾要看一下身後的大螢幕，而不是一直盯著電腦。看身後的大螢幕是很自然的動作。你在講解簡報時，會希望觀眾看著你。當你指著大螢幕上的內容時，會希望大家跟著看螢幕。你就是透過這些動作控制場面，引領觀眾看你做簡報：

> 各位請看這邊，請看這邊，請看這邊……現在請看螢幕……現在再看這邊……再看螢幕。各位請看第七項和這個特別的長條圖……現在請看這邊。

最理想的做法就是把電腦放在視線之外。比方說，你可以把電腦放在場地邊的桌子上，或放在大螢幕後方。無論放在哪裡，你都不會一直想去看電腦。

　　放在容易拿到的地方也可以，以備不時之需。舉例來說，我常常忘記插上電源線，所以電腦有時候會在我做簡報時發出警示聲。只要電腦放近一點，我就能快速處理問題。

　　請切記，千萬別一邊做簡報一邊在電腦上打字。這種事情應該在實際做簡報之前就要搞定。一旦開始做簡報，就必須把心思放在觀眾身上。

　　也不宜在平板電腦上寫字。雖然直接在簡報上寫字，強調特定重點是個蠻好的概念，但實際上效果並不好。這種動作會促使你低頭往下看，把目光放在平板上，進而破壞你跟觀眾之間的連結。

▷蓋住同步螢幕

　　很多講者喜歡用「同步螢幕」（confidence monitor），這種螢幕會擺在講者前方，上面秀出投影片。有了這樣的螢幕，做簡報的時候就不必回頭看大螢幕，只要一邊講解一邊看著前方的同步螢幕就行了。

　　請別用這種裝置。

　　如果用了同步螢幕，就自然想盯著它看，而觀眾一定會注意到你的舉動。假如同步螢幕擺在比較低的位置，一般也都是這樣擺放，那麼你的視線會往下。螢幕若是放在比較高的地方，你就會往上看。這有個壞處，因為你會把目光焦點放在觀眾看不到的東西上，進而破壞你們之間的連結。這種情形就跟一邊盯著電腦一邊做

簡報的觀感差不多。TED 負責人克里斯·安德森看到使用同步螢幕的講者會忍不住批評。他解釋說：「不管講者一直低頭看舞臺地板，還是視線往上超過觀眾頭部高度，都非常令人倒胃口。」[3]

因此，簡報場地如果設有同步螢幕，建議你把它關掉。假如沒辦法關掉螢幕的話，至少用布簾將它蓋住，這樣的話你就不會一直想去看它了。

▷找地方放筆記

大部分的簡報都會準備一點筆記，比方說重點大綱、紙本投影片，或者是幾個隨手寫在紙上的重要數據。有一個絕佳辦法可以讓自己看起來很厲害，那就是把一些精確的事實和數據背得滾瓜爛熟，這一點我會在後面篇幅詳述。我會建議各位把這些事實數據都寫下來。

準備場地時就可以考慮一下哪裡適合放筆記。別把筆記拿在手上，當你手裡拿滿筆記小卡，就沒辦法自然做出手勢了。最好將筆記放在伸手可及又看得到的位置，方便你輕鬆瞥一眼就能參考筆記。可千萬別一邊做簡報一邊找筆記。

筆記最好不要放在講臺上！筆記放在講臺上看似理所當然，但這麼做只會讓你一直想走回講臺。本來你四處走動，忙著跟觀眾互動，這時如果走回講臺瞄一眼筆記就尷尬了。其實有時候你的一舉一動很明顯，觀眾都看在眼裡。同時這種舉動也會顯得你信心不足、難以掌握狀況。

不妨考慮把筆記放在第一排的桌子上，或者是投影機桌面和椅子上。至於確切位置，還是得視場地而定。只要把握一個重點，那

就是這個位置一定要很自然，而且伸手可及，這樣才方便你一邊做簡報一邊走過去稍微看一下筆記。別讓觀眾看到你離臺前很遠，他們會覺得納悶：「這位講者要去哪兒呀？」所以請將筆記放在離你很近的地方。只要知道筆記離自己不到幾公尺，你就會很放心。做簡報時舌頭打結也沒關係，你的筆記就在旁邊提供救援，隨時讓你可回到正軌。

▷為其他講者準備座位

　　簡報不只一位講者是很普遍的狀況，通常一場進展報告會議就有幾個人負責簡報。比方說，你負責簡報整體策略建議，另一個人則負責簡報執行計畫。

　　簡報時請所有講者站在臺前似乎是很理所當然的事情。第一位講者說話的時候，下一位準備報告的講者就稍微往前一站。商學院學生特別喜歡這一套。我在凱洛格管理學院的 MBA 班上，就看到不少學生小組很愛在簡報期間讓整個小組排排站。他們認為這麼做可以展現出組員互挺的精神，同時在觀眾有問題時也能隨時予以協助。前不久我才見識過劍橋大學賈吉商學院的一組學生，他們排好隊伍站在臺前，每個人之間都間隔一公尺左右。

　　這種方式不可取，而且最重要的是，會讓觀眾分心。當某個人在做簡報的時候，應該讓觀眾以他為焦點。整個空間的注意力應放在這位正在講解簡報內容的人身上。別讓觀眾看別的地方，這種時候你如果請某些人站起來，等於是在慫恿觀眾分散注意力。觀眾或許會盯著講者後方的小組看也說不定。他們好像注意到約翰身上的西裝特別時髦，希薇手上戴著很特別的手錶，又或者荷西那頭奇怪

的髮型一定是剛剪沒多久。

況且，站著聽別人做簡報有什麼刺激可言。怎麼可能覺得刺激呢？他們八成聽過簡報太多次了。既然他們覺得沒有新鮮感，那麼他們大概會露出無聊的表情。有幾個人的眼神可能會放空，想著晚上去哪裡吃晚餐才好。也或許有人頻頻看錶，但最糟的莫過於有人拿手機來看。這些都透露出「這場簡報無聊到連自家組員都沒辦法專心」這種糟糕至極的訊息。

另外一個問題是，旁邊站人也會擋住講者的動線。原本周遭有足夠的空間可以走動，但多了四個人站在旁邊就不一樣了，講者很快就會發現動線受阻。

從圖 12-4 可以清楚看到這個問題：講者受限在他所站的位置。他沒辦法往左邊移動，因為會變成走到投影機前面；也不能往右走，有好幾個人站在右邊。所以他唯一能做的就是維持在定點，哪裡都去不了。

圖 12-4

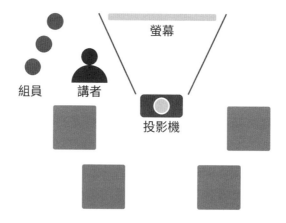

請把舞臺留給講者。也就是說，你必須為其他人另找座位。假如講者有好幾位，那麼先替尚未上臺報告的人找好座位。如圖12-5所示，在離臺前遠一點的場地邊放一排椅子就十分理想，這些人既不會擋住動線，等輪到他們上臺時又可以馬上就定位。

圖 12-5

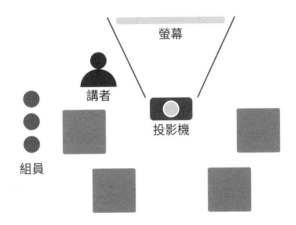

▷調整燈光

　　燈光對做簡報這件事來講是很重要的元素，因為燈光會大大影響整個觀看簡報的體驗。換言之，觀眾的心情會受到燈光的左右。一場出色的簡報有可能因為糟糕的光線而走味。

　　理論上，燈光的調整別弄得太複雜。整個空間要夠暗，觀眾才看得清楚螢幕上的投影片，但又要夠亮，方便大家做筆記且不至於讓人昏昏欲睡。

　　調整燈光難就難在如何找出平衡點。

不過最要緊的就是一定要開燈，這樣才看得到觀眾。解讀觀眾的表情十分重要，如果有人對簡報有疑慮，你可以馬上判讀。要是有觀眾看起來很茫然，你就應該停下來問大家是否需要你加強說明哪些重點。當你發現觀眾有點意興闌珊，就得加快節奏。

　　燈光太暗會讓你看不清楚觀眾，看不清楚就沒辦法判斷他們的表情。這個問題比較麻煩，因為你需要從觀眾的表情得到一些回饋。另外，空間昏暗也會讓觀眾因看不到筆記而感到不自在。

　　絕對不建議關掉所有燈光。講者若是看不到任何一位觀眾，本來互動應該很活絡的討論，會頓時變得跟百老匯歌舞劇一樣。

　　反之，你也要確認燈光不能太亮，會造成觀眾看不清楚投影片。這是做簡報的時候要注意的地方，尤其如果你放的是影片，更需要特別留意。空間若是太亮，觀眾或許會請你把燈光調暗一點，若你在調整時又沒辦法調到位，反而會把光線調太暗。

　　最理想的狀況就是讓室內的燈光開著，但是可以把投射到螢幕的光線調暗。

　　別太相信預設調光系統所設定好的燈光！預設燈光多半是由專業照明人員——這些人是科技迷——設定好的，並非由實際做簡報的人所設定的。以我的經驗來說，預設調光系統通常會把室內燈光調太暗，以致於螢幕看得很清晰，但講者卻看不清楚觀眾，所以很難跟觀眾互動。你當然可以試用看看預設調光系統，但系統所設定的光線未必最適合。

　　也許你需要視情況重新設定預設調光系統。我做簡報的時候，通常會先找到調光系統，然後用用看各種不同的設定效果。能不能只把黑板上的燈光調暗呢？能不能打開場地後方的燈光呢？

實際做簡報的時候，理想的燈光也許不會只有一種。比方說，會議開始之前應該把燈光都打開才對，這時你就大膽打開全部的燈吧！光線愈亮，就愈有衝勁。觀眾也不喜歡走進昏暗的場地，因為這種光線很快就會讓他們昏昏欲睡。等到你準備開講的時候，則該調暗螢幕上的光線，順勢切換到適合做簡報的照明模式。接著到了簡報尾聲，再把燈光全部打開。

燈光最好在會議開始前就先處理好，別等到觀眾都進來了，你還在試燈光。燈光開開關關的，無法顯示出一切都在你掌握之中的感覺。你應該在觀眾進來之前就弄清楚如何在簡報期間控制好光線的明暗。

▷備妥時鐘

時間的掌握十分要緊，請一定要尊重觀眾的時間。換言之，你應該準時開始、準時結束，也因此你必須看到時鐘，才有辦法做到。最好場地的後方牆上就掛著大時鐘，這樣的話你就可以看著時鐘，而觀眾則不必看到。要是牆上沒有時鐘，就應該把裝好電池的時鐘或是你的手機擺在你前方的桌面上，提醒你注意時間。

別看手錶！因為看錶的話，你就得將手腕轉過來，視線往下才能看到時間。這個動作太明顯又很尋常，所以你只要看錶，觀眾都看在眼裡。他們會納悶你為何要看錶。你是不是覺得很無聊？有人發問的時候，你卻在看錶，這個動作清楚表達了一個訊號：他們的問題不被看重。他們浪費了你的時間。請別讓觀眾有這種感覺。

如果手錶是唯一能讓你留意時間的裝置，不如把錶拿下來放在前方桌面上，如此一來你就可以趁著做簡報的時候，不經意地瞄一

下手錶上的時間。

▷走一走場地

騎師在越野障礙賽開始之前都會先勘查場地。他們身穿賽馬服，騎著馬出來排練一系列跳躍動作。他們查看彎道，檢閱障礙物，思考一下可能的做法。這是他們準備比賽的方式，他們很清楚接下來要做哪些事。

同樣的道理，簡報前先走一走場地很重要。處理好技術、座椅擺設和燈光等事宜之後，接下來應該花一點時間走動看看。先在場地前方走一走，然後繞一下四周，留意各種不同的視野和角度。別忘了，沒多久觀眾就要入座了，等人都坐滿以後，桌子與投影機之間的空間又會有不一樣的感覺。

當你在簡報場地走走看看的時候，應該邊思考以下幾個問題：

- 你的活動空間夠不夠？
- 你往周遭不同方向最遠可以走到哪個位置？
- 你可以從螢幕的這一側走到另一側嗎？
- 你可以走到活動掛圖或白板那邊嗎？
- 觀眾的視野如何？
- 最後面的觀眾看得清楚嗎？

只要走過一遍，你就可以抓出自己的活動範圍。同時你也會更從容，少了很多尷尬的情況，這些都有利於你做出成功的簡報。

13

自信做簡報

在付出了這麼多時間和心血來規劃製作簡報之後，總算到了發表的時刻。

如果已經做足了功課，實際做簡報時自然波瀾不驚。你帶著十拿九穩的建議踏入這場簡報會議，觀眾認同你的觀點，你的簡報內容也經過精雕細琢。場地打點妥當，萬事俱備，接下來想必一帆風順。簡報成功的基礎已然打下，現在只差臨門一腳了。

但這臨門一腳茲事體大，整個局勢有可能在最後關頭生變。也許有人對建議的立場改變了，也說不定你誤解了跨部門同事的想法，以致於你並沒有得到想像中的支持。

發表簡報是很關鍵的時刻。這一關順利通過，那麼散會時就會有一個大家都採納的建議出爐，你的信心和個人品牌也會變得更強大。你只要想辦法實現就對了。

🐔 緊張

一般人對著臺下觀眾做簡報的時候，難免都有些緊張，很少有人能剛毅果決、沒有一絲忐忑地站在觀眾面前。

即便是簡報經驗豐富的人也得應付緊張的情緒。《金融時報》專欄作家露西·凱勒薇解釋：「我跟大多數人一樣，覺得公開演講比蜘蛛或者是怕在暗巷遭搶劫的恐懼感更恐怖。」[1]

奧斯卡金像獎得主女演員奧塔薇亞·史班森（Octavia Spencer）如此形容她的恐懼：「我還是會怯場，只要是牽涉到現場觀眾的一切事物都很可怕。我會不停冒汗，心臟狂跳，這種恐懼一直

都在。」[2]

恐懼是做簡報時一定會有的感覺。「自信型講者」也會緊張，只是沒有其他人那麼緊張。「掙扎型講者」就會覺得這種感覺很可怕。

不少學生告訴我：「我沒辦法好好站在一群人面前，我會非常緊張。」這句話背後似乎透露著厲害的講者沒有這種困擾，只有不擅簡報的人才會緊張。換言之，你如果會緊張，就表示你不太厲害。只有那些泰然自若站在群眾面前的人才能自稱好講者。

這樣的邏輯有問題。會不會緊張其實跟擅不擅長簡報無關。我也認識一些緊張大師，但他們的簡報做得非常棒。當然我也認識一些完全不會緊張，但簡報卻做得不怎麼樣的人，因為這種人有時候往往顯得過於自信與自負。

▷緊張是應該的

大多數人做簡報的時候都會緊張，其實緊張是應該的。站在人群面前不是一件可以風平浪靜的事情。在場的每雙眼睛都在盯著你，你不是一鳴驚人就是一敗塗地，壓力隨之而來。露西・凱勒薇表示：「對公開演講的恐懼其實是完全正常的，這跟大多數的恐懼症不同。」[3]

演說家史考特・伯肯指出，人類與生便具有這種恐懼：「人們天生就怕獨自一人站在空曠處，沒有地方躲藏，手無寸鐵地面對一大群緊盯著我們的野獸。」[4]

我在商學院教書 20 年，算一算我大概上了 4,000 多堂課。我花在課堂上的時間真的非常多，但每次教課前我還是會緊張。

所以請各位明白，緊張很正常。別期待自己可以沒有一絲恐懼地做簡報，就算不斷的練習，緊張感也不會消失。廣告主管凱瑞‧林寇維茲指出，告訴別人「不用緊張啦！」大概是全世界最笨的建議了。他寫道：「我要是叫你別緊張，你大概會抓狂。」[5]

▷緊張有好處

　　幸好緊張是可以發揮正面效果的。

　　恐懼其實是很好的催化劑。它可以刺激你下功夫編排動聽故事、校對好文稿，並預先推銷你的建議。凱勒薇解釋說：「恐懼可以抵擋災難，它會打消你演講時用嘲諷別人來活絡氣氛的念頭，雖然你可能覺得自己妙語如珠，但那些被開玩笑的人可不這麼想。」[6]

　　恐懼也會激發能量。人緊張的時候會很不安，不安就會提高警覺。這種能量會增強你的簡報能力，你只管把這股能量導入簡報之中。史考特‧伯肯表示：「你若是假裝對公開演講一點也不感到害怕，就是在否定你的生理機能所賦予你的天生能量。」[7]

　　要是能用正面眼光看待壓力，就能全面翻轉自己的心態，把緊張反轉成你的助力。健康心理學家凱莉‧麥高尼格（Kelly McGonigal）在 2013 年的 TED 演講中探討過這一點：「當你改變對壓力的看法，你的身體對壓力的反應也會隨之改變。」所以當你覺得有壓力的時候應該這樣想：「這是我的身體在幫我變強，讓我可以應付挑戰。」[8]

▷信心遊戲

　　雖然做簡報會緊張基本上是不可避免的事情，但也應該要有自

信。緊張和自信這種同時存在的組合其實蠻奇妙的。

自信是成功的關鍵。做簡報的時候如果覺得一切會順利過關，你的氣勢就會愈來愈強。你會打開心房，不再那麼緊繃，腦海裡縈繞的是簡報主題和觀眾，你不會一直想著自己。

當然也會有另外一種可能：你憂心忡忡，很沒安全感。你心裡想的不外乎「這場簡報大概很難過關」、「我一定會搞砸」和「我絕對會忘記這個重點，我知道我一定記不住」。

一旦覺得事情不會順利，信心就會開始瓦解，緊張感開始發酵，惶恐不安的感覺會增強。你的胸口緊縮，你只注意到自己正在冒汗，講話結結巴巴。你變急躁了，接著又擔心自己太急躁，所以你馬上放慢節奏，但又隨即發現這樣很不自然。

若是能在自信與緊張之間取得平衡，則可以產生強大威力。換言之，你一方面很緊張、靜不下來又提心吊膽。但與此同時，你對事情的發展很有信心。每年芝加哥鐵人三項（Chicago Triathlon）開賽的時候我都會有這種感覺。在跳進水裡之前，我既焦慮又不安，但我有自信一定可以完成所有賽事。我參加鐵人三項十多次了，所以我知道我絕對沒問題。

▷**重要洞察**

有個辦法可以一舉提升信心，那就是謹記這一點：你對這個簡報主題的掌握絕對勝過任何一位觀眾。

基本上不會有例外。假如你要向區域主管簡報國內的最新業績表現，這方面的資訊你一定懂得比他們多。這也是理所當然，你花了很多時間研究單一國家，但區域主管畢竟得管理好幾個國家的業

務。當你向執行長報告校園人才的招募趨勢時，自然也比執行長了解更多。老闆或許經驗更豐富、視野更宏觀，但就校園人才招募這件事來講，你比他們厲害。幾年前負責你手中這項業務的人可能很了解其中的變化，但現在你是那個掌握了最新資訊與趨勢的人。

你如果在簡報前提醒自己這一點，就能把自己調整到最佳狀態。不妨對自己這樣說：「沒有人比我更懂這個主題，我是世界級專家。」這不是假話，所以你並非用空洞的激勵語言來替自己打氣。

我負責 A.1. 牛排醬業務時就體驗過這種力量。卡夫收購了納貝斯克公司而得到 A.1. 這個重要的金雞母品牌，交易生效後，即由我來負責該品牌。沒多久我就發現，我是全卡夫最懂 A.1. 業務的人，尤其是因為前一個管理團隊並沒有留下來的緣故。

有了這樣的洞察之後，我跟我的團隊針對如何有效管理這項業務提出了一套重要的建議。我們建議提高媒體預算，開發新的廣告宣傳活動，以利觸及新目標客層，並重整搖搖欲墜的醬料產品線。

每次提建議都要向大家做簡報，這些簡報也都很順利，主要就是因為我對整套計畫十分有信心。我知道我比所有上司更懂 A.1. 業務，所以我只需要解釋我的想法跟邏輯就可以了。

▷ 挖掘你的氣勢

個人氣勢會影響整場簡報，因此講者應該將自己調整到最佳狀態，而調整方法則因人而異。個性外向的人也許會找一群人聚會，藉此振奮自己的精神。內向型的人大概會花多一點時間獨處，做法上完全不同。

聽音樂是個不錯的方法。凱洛格管理學院教授德瑞克・洛克

（Derek Rucker）和羅藍‧諾爾倫（Loran Nordgren）近來跟其他幾位研究人員共同研究音樂對情緒的影響力。這個團隊進行一系列十分有意思的研究，結果發現特定類型的音樂會讓人產生能堪大任、充滿自信的感覺。譬如皇后合唱團（Queen）的〈We Will Rock You〉這種重低音歌曲，就特別能激發氣勢。[9]

開場要強

簡報的頭幾分鐘最重要，請務必樹立一個強大的開場。之所以有此必要是基於兩大理由。

首先，一個好的開始就會激發你的動力。你會因此安心，進而覺得有自信。這些感覺會驅策你持續向前邁進。

其次，觀眾用不了多久就會下定論。他們會判斷你是否可信，你談的主題是否重要。誠如經濟學家丹尼爾‧康納曼所言：「當帥氣又充滿自信的講者一上臺……可想而知觀眾一定會給他超乎應有的評價。」[10]

這些論斷很快就會成形。搞笑團體「潘恩＆泰勒」（Penn & Teller）的潘恩‧吉列特（Penn Jillette）就說：「當你登場之後，只有兩分鐘的時間可以設法讓觀眾心裡產生『這挺重要的』或『這就是我要的』之類的念頭。」[11]

吉列特對下定論所需的時間算是高估了。研究指出，一般人差不多在短短幾秒鐘內就下定論了（請見第 18 章，深入了解人如何迅速做出判斷）。

▷穿著得體

講者的穿著對觀眾的觀感影響甚鉅，厲害的講者都很清楚這一點。英國首相邱吉爾透過服裝、手勢和一些象徵精心打造自己的形象。賈伯斯則用衣著來定義個人風格。個人品牌專家布蘭達・班斯就表示：「他人主要是從你的外表——也就是從頭到腳給人的感覺——來評斷你，這是鐵證如山的現實，每個人都一樣，這純粹是人的天性。」[12]

穿著方面應多加斟酌。著有《說話像邱吉爾，站姿像林肯》（*Speak Like Churchill, Stand Like Lincoln*）的詹姆斯・何莫斯建議：「服裝會替你代言，應審慎或刻意地挑選服裝。」[13]

因此，做簡報的時候，別挑你那件新英格蘭愛國者隊的運動衫，印著「我爸媽去夏威夷度假回來就只送我這件蠢 T 恤」字樣的 T 恤也千萬別穿出門。穿著一定要適當得體，展現出你在乎。

當然你也應該對工作場合敏銳一點，假如你在一家穿短褲很平常、執行長會穿夾腳拖開會那種不拘小節的公司上班，自然不必打領帶做簡報。

一般原則就是先考量觀眾的特性，然後再穿得稍微更正式一點。比方說如果資深副理會穿牛仔褲，你就應該穿西裝褲。假設執行長會穿合身的西裝或套裝，你也應該比照辦理。

▷站著做簡報

基本上最好站著做簡報。準備要上場的時候，你從椅子上起身，往簡報場地的前方走去，接著開始做你的簡報。

之所以要站著做簡報，最主要的原因就是有助於你控制場面。

當你站著講話而其他人全都坐著的時候，你自然會成為大家注目的焦點。觀眾的眼光會跟隨你，你握有主導與形塑對話的力量。

當你站在一群就座的觀眾面前，你的手上擁有很大的權力。你可以加快或放慢節奏，可以選擇要不要指定某位觀眾發言。你可以望著觀眾點點頭，表示對他們的鼓勵。你可以別過頭去，打斷別人說話。你也可以選擇是否要在活動掛圖上寫下重要事項。

但如果你也坐著的話，影響力就沒有這麼大了。觀眾的目光會停留在最資深的人身上，那麼這場會議的節奏可能就是由這位人士來決定了。這種情況下，你要打斷別人的發言談何容易。你要是坐在桌子的這一頭，該如何阻止坐在另一邊那個人高談闊論呢？你莫可奈何。

不過如果你開的是小組會議的話就不一樣了。開小組會議的時候，最好所有人都坐下來討論，畢竟你的目標是希望大家共襄盛舉，促進團隊精神。平起平坐有助於鼓勵大家勇於發言，進行熱烈討論。

▷ 找到你的站位

一開始做簡報時，請務必確認自己站在適當的位置。簡報注意事項當中最簡單的一項就是找到適當站位。

站位的考量有三個重點。第一，你應該成為全場的注目焦點，所以必須找到一個最顯著的位置。觀眾的目光自然會看哪裡？那個地方就是你該站的地方。

其次是你應該站在跟現場最重要的人呈對角線的位置。每一場會議都會有一個關鍵人物，這個人通常就是最資深的人，但未必都

圖 13-1

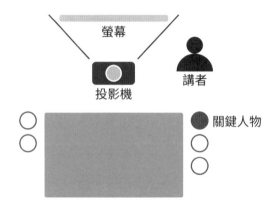

是如此，關鍵人物也有可能是某個特別有影響力的人。

假設你如圖 13-1 跟關鍵人物站在同一側，你就會擋住他們看螢幕的視線。這一點請特別注意。

只要站在對角線的位置，關鍵人物不但可以清楚看到螢幕，也會清楚看到你。這種站位的效果特別好。

圖 13-2

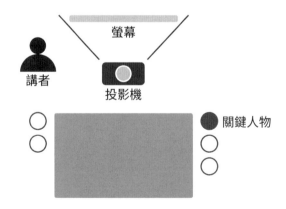

第三個重點是，萬萬不可站在投影機前面。只要一站在投影機前面，就會顯得你經驗不夠老到。螢幕上的字有一半打在你胸口上，不但讓你看起來很詭異，還有礙簡報的進行。另外，投影機的光束也會照進你眼睛裡，讓你覺得很刺眼而瞇起眼睛。這種模樣的你就不是最佳狀態了。

當然，如果你已經把場地打點妥當，也走過一遍動線，就不需要擔心站位的問題，因為你已經知道哪個位置最恰當，同時也掌握了足夠的活動範圍。

▷ 特別注意頭幾頁

頭幾頁投影片會為整場簡報打下基礎。因此，在規劃簡報和演練時，頭幾頁一定要多花一些心思。

簡報開場的方法有很多種，有些人會做一些瘋狂又戲劇化的事情來吸引觀眾目光，有些人則開門見山，直接從會議目標和議程講起，讓觀眾靜下心來。

我個人的建議是直接切入重點，先從強調會議的目的著手。這種開場很平實，卻富有成效，也符合觀眾的期待，而且中規中矩，絕對不會因此惹上麻煩。

戲劇化開場做起來不容易，風險又很大。這種開場首先會碰到的問題就是，你必須想出一些特別引人注目又讓人意想不到的橋段。以大組織來說，做簡報的機會很頻繁，說不定一個星期就有好幾場簡報要做，哪有辦法場場都製造驚人的效果？

再者，許多會議剛開始的場面都很亂。開場的時候，有一部分觀眾還在聊天，有些人正在看手機檢查郵件，少數人大概晚一點才

晃進來。畢竟簡報現場不是劇院，會在開演前把門鎖上。這些都是戲劇化開場不容易成功的原因。

另外一個更麻煩的問題就是，戲劇化開場的風險很大。一個充滿驚喜的開場想必是前所未有，因此你無法百分之百肯定事情會如何發展。這也表示開場出亂子的機率很大。最難堪的莫過於把戲劇化開場弄巧成拙了。

所以倒不如中規中矩，用符合一般期待又理所當然的做法來開場即可。既然不是為了奪得「商務簡報最佳戲劇化表現」大獎，那就努力爭取觀眾的認同，針對你的定價建議達成共識吧。

不過話說回來，假如你的主要觀眾對戲劇化開場情有獨鍾，當然要投其所好。無論如何你都要努力跟觀眾建立連結，設法取悅他們。

說故事

發表簡報其實也就是在說故事。講解每一張頁面時，都應該停下來稍微解釋重點，接著再說明一下資料數據。另外也要請觀眾特別留意關鍵資訊，並解說分析資料。

▷不可唸投影片！

直接唸投影片似乎是挺自然的事情。投影片上面就有字，連思考都不必，只要看著那些字照著唸就好了。輕而易舉！

千萬別照著投影片的文字唸。觀眾自己也看得懂字，你又不是

對小朋友做簡報。當你把新頁面投影出來，觀眾馬上就開始讀頁面上的內容了。這種時候如果你又把他們已經讀過的內容唸出來，他們會覺得很無趣，你也會顯得做作又緊張。

你只要談談這頁的內容即可，千萬別照唸。先從標題開始談起，因為標題想必是最重要的事項。以標題作為基礎擴充討論，然後再繼續說明一下頁面上的其他內容。

▷ 要有眼神接觸

厲害的講者會把目光放在觀眾身上。光是用眼神接觸對方就能產生親切感並建立連結。

這完全是理所當然的事情。假如你在跟別人講故事，你自然會看著他們。對一顆水果說故事反倒不容易，因為你會想看到對方的反應、觀察他們投入的情形。TED 負責人克里斯・安德森十分了解眼神接觸的重要性。他說：「我們 TED 對演講來賓的首要建議就是，一定要經常跟觀眾做眼神接觸。」[14]

不過，抓到平衡點很重要。你看著某位觀眾的時間要久到足以建立連結，但又不能太久，否則會顯得很奇怪或讓觀眾感到不自在。珊娜・凱若爾（Shana Carroll）在凱洛格管理學院教溝通技巧，她建議講者在提到某個想法或說法時，先和某位觀眾建立眼神連結，接著再換另一個人。

▷ 信任你的簡報

相信你的簡報！你想必打造了一份扎實又緊湊的簡報，所以應該信任你自己和作品。

換言之，你應該按照順序逐頁解說簡報。當你這麼做的時候，觀眾會覺得一切都在你的掌握當中。好好堅守流程就對了。

　　倘若你節外生枝，從原本的簡報流程脫軌，等於在傳達錯誤信號。比方說，你從第五頁一下子跳到第十頁，觀眾只會往壞處想。他們可能會臆測，你的簡報一定不夠強，所以你才要跳著講。他們會猜想，你大概不是有條理的人，不然誰簡報的時候不照順序講？多數人都會一致認為這位講者有點散漫，做事沒章法。一個有自信又能幹的人絕對不會這樣做。如果先講第七頁再談第三頁的效果會比較好，那麼你就應該事先改好再進行簡報。

　　另外，假如你已經先把紙本簡報都發出去了，就更要堅守既有的流程了。要是你跳過一些頁面，觀眾一定會覺得很疑惑。有些人會一直往前翻，想找到你現在正在講解的頁面。有些人則趕緊讀一下你跳的那幾頁，盡可能掌握所有資訊。無論觀眾會怎麼做，不按照既定流程走的後果就是麻煩很多。

 善用精確的事實和數據

　　簡報時最應該優先重視的事情之一就是看起來要很有見地。換言之，應設法讓觀眾覺得你很懂這項業務。以多數情況來講，你確實是最懂業務的人，所以做簡報時你的任務其實是確保大家對你的觀感名副其實。

　　如果要讓自己看起來很厲害，你就必須懂簡報裡所有的事實與數據。深入了解這些資料對你大有助益。

但現在的問題是跟業務有關的資料數據太多了，根本不可能全部都懂。資料的數量數不勝數，你不可能了解每一筆資料。可是話說回來，數據一旦弄錯，後果不堪設想，你的公信力一定會受損。該如何是好呢？

有三種簡單的方法可以讓你看起來很厲害、對資訊有完全的掌握。第一，用婉轉一點的措辭來陳述可以降低出錯的風險。有時候你會碰到有人問你一個很明確的問題，比方說部門部門經理可能會問「去年澳洲的銷售額占多少百分比？」這個問題不能隨便回答，因為它是有正確答案的，而且很容易查到。這時你該怎麼回應才好？

你可以選擇直接說：「我不清楚。我查一下，待會給你回覆。」這種回答不算糟，挺誠實的，也處理了問題，只是讓你看起來不太聰明而已。倘若你本來就有好口碑，就不至於有大礙。但如果你名聲已經很差，那麼這種回答只會增加讓你被炒魷魚的機會。

另外一個選擇是大膽一搏。你信心十足地挺身說：「澳洲占2017年銷售額的8.2%。」這個答案真是明快，但除非你很篤定數字正確無誤，這招才有效。假如你弄錯了，澳洲只占2017年銷售額的7.6%，麻煩就大了。最糟糕的就是，現場有人插話說：「約翰，其實澳洲占2017年總收益的9.8%，我這裡有報告。」這絕對不是你樂見的情景。

因此，最好的選擇就是用婉轉一點的說法。假如你說「我想大概是8%左右」，就安全過關了。雖然沒有把數據說得很精準，卻顯示出資訊都在你的掌握當中。

第二種做法就是在投影片當中加入一些關鍵資訊。這樣當你面

對觀眾的發問時，站在臺前的你只要迅速瞥一下螢幕，找到那個數據，然後把它說出來就可以了。

但請別把所有資料都放進投影片裡，投影片會變得雜亂而失去效果，這絕對不是好辦法。不過稍微加一點數據進去是沒問題的，而加上這些數據主要是為了方便你做簡報或回答提問，並不是專門給觀眾看的。凱瑞・林寇維茲指出：「你用的視覺輔助資料不只給觀眾看，對講者來說這些資料其實就是字體很大的筆記。只要往身後一瞥，若無其事地將螢幕上那張大大的圖稍微改述一下，就可以製造你能言善道的觀感。」[15]

第三種方法就是把一些數據寫在紙上就可以了，然後把這張筆記放在你前方的桌面上，很多人都推崇這是最理想的做法。

這張筆記不宜握在手裡。雖說握在手裡就可以隨時參考，但效果會變差。這是因為你應該設法營造你是專家的觀感，提供這些數據的目的是為了突顯你對這項業務瞭如指掌。你想透過這些數據傳達的訊號是：「我當然非常清楚 2018 年中區銷售額的成長數字。」但如果你得看著筆記才說得出來，顯然表示你根本不知道這個數據，你只是有了筆記才知道答案的。

另外再提供一個訣竅：把這些數字寫大一點。也就是說，字體要大到你從稍遠的地方都看得到。字體太小的話你就必須靠近那張筆記才看得清楚，甚至還得瞇一下眼睛也說不定。如果把數字寫得又大又清晰，自然就能輕輕鬆鬆從遠一點的位置看到這些數字。一般來說，你其實早就已經把這些數字牢記在心了，這張筆記的作用只是為了讓你對數字的準確性更有把握。

如果要發揮善用事實和數據的最大功效，首先必須找出一些十分重要的精確數字。你對這些數據應該要有十足的把握，這意味著你知道來源出處，同時也驗證過每個數據的正確性。

這些數據應該緊扣論點且具有重大意義，但又要詳細和準確到讓觀眾料想不到你竟然可以這麼篤定又掌握得如此細膩。別隨便抓個不相干的事實數據充場面，而是要特別指出一些有畫龍點睛效果的數據。

這樣一來，你在做簡報或回答問題時，就可以順道提一下這些數據。比方說有人針對你提出的漲價建議發問，你在回答時便可這樣說：「是這樣的，我們的主要競爭對手 2012 年漲價 3.4%，2017 年又漲 4.1%。」又或者你提出了標籤更新計畫，你在討論這個主題的時候不妨順便說：「過去 30 年來公司改了三次標籤，分別是 1994 年、2008 年和 2014 年。最大的變動就是 2008 年那次的更新，我們用了藍色。」你不經意地隨口提了一下十分準確的資料。

這種做法塑造了你對這項業務瞭如指掌的觀感。觀眾心裡大概會想：「哇，這位產品經理真的很懂他的業務，佩服！」你只要確定資料完全正確就行了。

 ## 解讀現場氛圍

你在做簡報的同時，務必解讀現場的氣氛，隨時調整你的做法。只要觀察一下觀眾，就可以預測他們的想法，再據此修改你的簡報方式。

最好辨別的訊號就是不耐煩。觀眾是否想要你加快節奏很容易就看得出來。比方說他們會分心，眼睛看別的地方。或是趁你做簡報時往後翻閱手上的資料，再不然就是看一下手機。這些都是非常清楚的訊號。

當觀眾出現這些訊號，你就必須加快節奏。但別因為這樣就開始跳過一些投影片不講，這反而會衍生出其他問題。你只需要呈現標題，或大致談一下標題，簡短帶過支持論點，然後繼續講下一頁即可。

你的節奏太快也很容易從觀眾的舉動解讀出來。觀眾會請你回過頭把某一頁再解說一遍，或請你稍等片刻再繼續講。如果你已經事先發下紙本簡報，他們可能還一直盯著前一頁看，接著才勉強地慢慢翻到下一頁。

碰到這種狀況你就要放慢節奏。這可能是因為內容比較複雜，或簡報對象偏好慢慢吸收資訊的關係。

措辭要小心，以免不知不覺得罪觀眾！像是「約翰，這樣吧，我看得出來這項資訊對你來說太複雜，我講慢一點好了。」或「好像有些人跟不上的樣子！不如我再講解一遍」之類的說法，把觀眾說得很笨似的，這樣做可得不到他們的支持。

另外你也可以觀察大家普遍看起來是否認同你的建議。觀眾要是認同的話，會出現點頭、露出笑容，提問也不會太犀利等線索。他們望著你的眼神比較正面，姿態上的話，身體會稍微向前傾，帶著鼓勵的意味，又或者放鬆且愉悅地往後靠。

至於不認同的觀眾，則有截然不同的表現方式。他們大概會皺眉頭，眼神不定。他們如果準備好要挑戰你、積極反對你的論點，

就會一副蓄勢待發的模樣，做好進攻的準備，不過這些人通常會縮回去。其他跡象還包括觀眾的身體會左右晃，表現出漫不經心或者正在沉思你的分析不正確的各種理由。

▷處理歧見

假如你知道在座人士當中有人反對你的建議，就要花一點時間找出原因，畢竟你的目標是尋求認同。因此，你若是看出有人沒跟你站在同一陣線，就要趕緊採取行動。硬要大家接受你的建議，然後結束這場簡報也是可以，但長遠來講這不是有效做法。觀眾既然不認同這項建議，會議結束之後就有可能趁你不在的時候跟別人討論他們的疑慮。

所以碰到反對意見時，請將節奏放慢。先問問大家是否有問題，或者直接請有疑慮的觀眾表明他們的看法。

務必用你的判斷力來處理歧見。資深主管的問題當然是你的第一優先，但特別有影響力的人也同樣重要，不可忽略。另外，不是所有人都非得加以關注，碰到搞不清楚狀況的暑期實習生，大可不必多費唇舌跟他解釋某筆計算過程。你的目標是取得足夠的支持以便繼續推進你的案子，同時也要找出任何可能的問題，以免妨礙你成功達成目標。

▷注意時間

簡報時請特別留意時間，有些時候你必須加快節奏，有時候則可以稍微慢一點。

如果能提早結束簡報，預留一些時間讓觀眾發問或對你的構想

發表看法，這是最理想的狀況。因此，會議如果預計 3:00 結束，那麼簡報的部分差不多就該在 2:45 或 2:50 結束。

若要提早結束，則必須特別注意時間。你在講解簡報的過程中，對什麼時間點應該講到哪個部分應該要有概念。當你發現進度有點落後，就稍微講快一點。通常最好不要直接跳過頁面，不過你可以快速帶過某些頁面或展示圖，才能把時間補回來。

🐔 順利換手

一場會議有多位講者做簡報是很常見的事情，這時換手的銜接就很重要。

盡量別安排太多講者，因為每次換手多少都有些突兀。況且換手會拖慢會議進展，觀眾也得花一點時間調適。一場簡報安排兩位講者通常最適當，三位也可以。但超過三人以上問題就會比較多。

換手要換得合情合理，不宜在某一段還沒結束或故事講到一半就換講者，這種方式很不理想。比方說以下換手方式就應該避免：

> 這幾年來公司的定價議題都處理得很極端。2011 年的降價行動，幅度非常大，但達到了效果。2014 年公司漲價，競爭對手也跟進。有鑑於他們前一年市占率下滑，所以那次漲價頗令人意外。2018 年年初我們的定價又做了調整，接下來就交由蘇珊繼續簡報這個部分。

換手時，應該先預告講者的更換，介紹接下來的講者以及要討論的主題，讓講者能順暢接手。

盡可能別換電腦，最好將所有講者的內容都放在同一臺電腦上。換電腦的話就要重新接線，會干擾簡報的進行。最好的情況是講者花時間處理電腦，以致於無暇顧及觀眾而已，但更常會發生講者因為技術問題而拖慢簡報進度，使觀眾產生負面觀感。

會議一開始就先說明有哪幾位講者一向是最理想的做法，別讓觀眾看到你講了幾頁就坐下來而暗自覺得奇怪。

務必在臺上等下一位講者過來，別讓臺上空蕩蕩的，觀眾會感到緊張不安。他們也許會想：「現在究竟是怎麼回事？」

倘若你用無線遙控器來控制電腦，大可將這個遙控器遞給下一位講者表示換手。這個動作不必很正式，隨性一點無妨，但對觀眾來說卻是一個很好的訊號。你彷彿藉由這個動作告訴大家：「我會退到一旁，接下來就由珍妮佛負責簡報，還請各位把焦點放在她身上。」

結束要有力

簡報的結束一樣很重要，因為觀眾通常會記住開場和結束。該把握的重點就是結束得鏗鏘有力，顯現出你的自信與場面盡在你掌控之中的氛圍。提要頁面十分適合作為結尾，你可以趁此機會把重點重述一遍。

簡報結束後稍微暫停一下。接下來理應是觀眾發問的時間，所

以你必須留一點時間給觀眾。這同時也是觀眾給你評估的時候，幸運的話，大家會認可你的建議並接著討論後續行動。

14

精心策劃問答

商務簡報幾乎都會允許觀眾提問，所以對於如何處理提問應當要有一套策略思維。

這也是業務進展報告跟正式演講或 TED 演講不同之處。正式的演講沒有提問時間。當美國總統在做年度國情咨文演說的時候，不會有人打斷他的談話。你不會聽到有人問：「不好意思，我不太懂失業率那個數據，請問那是年初到今天的數字，還是年度預測數字呢？去年到現在的失業率又有何變化？」但如果是業務進展報告，十之八九會有機會面對一連串主題不一的提問。

如何處理勢必會出現的提問茲事體大，因為觀眾有時候會藉著提問來測試你是否真正了解簡報內容。假如你對答如流，自然可以得到更充分的信任；但如果支吾其詞，則可能有損你的公信力，而你提出的建議也會失去說服力。

抓出問題

首先要牢記在心的就是，提問是好事！有問題是好現象。

觀眾有問題就表示有用心投入，沒有問題往往是壞徵兆，也許觀眾覺得無聊或對簡報無動於衷。有人提問就表示觀眾有注意你、願意跟你互動。此外，他們提出的每一個問題對你而言，都是你發光的機會。換言之，你只要能漂亮應答，就表示你是真的很了解狀況，你會得到更多信任。然而，認真準備和發表簡報是一回事，面對各種提問能不能對答如流又是另一回事。

邊做簡報邊回答提問其實比全場安靜聽你做簡報要容易。如果

把簡報當作一場對話來看的話，提問就是驅動一切的元素。觀眾對論點提出問題，如此來來回回，簡報過程因此變得有趣又有活力。相形之下，對著一片靜默的觀眾講話難多了。

處理提問有時候也是一種很好玩又挺有意思的事情，而且有那麼一點挑戰性。你若是十分了解主題，便可順利接招，對答如流。誠如傑克·威爾許所指出的：「有自信的人不怕自己的觀點被挑戰，他們很享受這種能刺激思考的鬥智過程。」[1]

▷規劃提問時間

請預留時間給觀眾提問。假設會議排定為一小時，就真的把簡報講到滿滿 60 分鐘的話，很容易出狀況，因為你每回答一個提問都會用到時間，但你根本沒有預留這種時間。也就是說，現場的提問愈多，你的時間壓力也就愈大。

尤其如果你把一些關鍵的建議擺在簡報尾聲才講，恐怕會有麻煩。你大概沒時間談到事情的核心，或只能倉促帶過，這兩種結果絕對不是你想要的。

你應該先設想到觀眾會提問，安排會議時就把這一點考慮進去。如此一來，觀眾有提問的話，你便有時間可以運用。倘若沒有提問，會議自然可以提早結束。很少人會因為時間多出來而不開心。

▷設定期望

觀眾有必要知道什麼時候可以發問，是簡報過程中就能提問，還是得等到簡報結束之後？最好在會議一開始就言明在先。

通常觀眾都樂意遵照你的要求。身為講者的你握有一定的權力，設定期望就是其中之一。不管你對觀眾說「各位若是可以等到結束後再提問的話，我會萬分感謝」或「簡報過程歡迎各位隨時發問」，多數人都會願意照辦。

資深主管大概無論如何都會插嘴，畢竟他們很資深，終究還是他們說了算。不過，如果他們真的這麼做的話，就是在向你和觀眾表明他的態度。

一般來說，讓觀眾在簡報過程中隨時提問是比較好的做法。很多高效簡報都是從討論發展出來的，所以這也意味著你應該刺激對話。提問可以促進對話，而對話又可以驅策你和觀眾之間的互動，活絡氣氛。

把提問時間留在簡報結束後會有幾個問題。最大的問題就是到了尾聲理應將討論的重心擺在建議上，能探討後續行動更是理想。如果能鼓勵觀眾討論出一個最能有效推進案子的做法，這場會議也算成功了。

所以這時最好別讓對話的方向聚焦在跟簡報有關的特定問題上。比方說，觀眾若是開始問起「蘇珊，可以麻煩你回到第八頁嗎？第一欄數據是從什麼時候算到什麼時候？」或「馬紐，第 19 頁那筆 2017 年收益數字有沒有把第 53 週算進去？」這類問題，就表示對話沒有按你的計畫走，這種情況下很難改變對話方向。

另外，你很有可能在簡報已經快結束的時候碰到棘手的問題，這個階段最好盡可能避免節外生枝。譬如有人會問「約翰，我覺得之前第 12 頁那筆淨現值分析不大對。你剛剛說那個數據是從哪裡來的？可以再算一遍給我看嗎？」你寧可觀眾在先前簡報的時候就

趁早提出來，也別等到快結束才問。愈到最後關頭，提問往往會讓事情變調。別忘了有利位置這個概念，寧可讓騷動發生在你能處理的時機點。

倘若你要求觀眾先別發問，觀眾真的很有可能一個問題都不問。譬如有人搞不懂第四頁的數據，那麼等到你講完剩下的 30 頁內容之後，他們大概也不會想問了。這是你的問題，跟他們無關。你本來就應該說服觀眾，所以若是有提問，就該好好處理。

最後，把提問留在簡報結束後會有時間壓力。究竟該留多少提問時間呢？留很多時間，還是幾分鐘就好？觀眾如果很認真聽講，有很多的問題，你說不定沒有時間可以回答他們。

除非碰到以下幾種狀況，否則應該盡量回答提問。觀眾特別投入，但你知道觀眾如果提問恐怕會耽誤會議的時候，就要積極控制情況，才有機會講到你的建議。

另外在時間非常緊湊的情況下，比方說做簡報需要兩小時，但你只能確保有一小時的時間進行，這時你就應該婉拒提問，先將簡報做完再說。

如果你的建議很複雜，最好也要將提問延後進行。有時候講解建議時需要鋪陳比較複雜的故事，要是碰到這種狀況，有一段完整的時間來講解整個過程，統整每一個重點會更好。中間如果有人提問恐怕會干擾這個過程，因此把提問時間挪後最是理想。

▷**控制時間**

有時候當你發現會議一直沒有進展，就必須先中斷觀眾的提問，暫停這個走向。

最好的做法就是告訴觀眾稍後再回答他們的問題。以下這種措辭就很好用：「我十分樂意回答更多提問，不過我擔心來不及做完簡報。還請各位等到會議結束，我一定竭誠解答所有問題。」不妨把重要的提問都列出來，譬如你可以在活動掛圖上寫下「待答區」，然後把大家提出的重要問題都列上去。

先做功課

務必預先做好對答的準備。仔細想一想觀眾可能會提出哪些問題，再琢磨該如何應對。

▷預測問題

觀眾會提出什麼問題其實不難預測。預測觀眾的提問對你大有用處，假如你能先行掌握這些問題，就可以預備好答案。比方說你認為會有人問 2018 年西區銷售額的數字，你就可以先找出這個數據。或者你覺得觀眾會問有關之前新產品上市的問題，你就能先做功課。

想在觀眾心中留下一切都在你掌握之中的印象，最好的做法就是先抓出每一個可能的提問。如果能回以清晰明確的解答，並以資料數據佐證，一定讓你說服力大增。譬如別人問到新產品的問題時，你這樣回答：「我們在 2009 年推出美味輕負擔產品線，2013年推出零脂肪產品線，並於 2016 年推出墨西哥醬系列，這些就是我們近年推出的新產品。」你顯然就是這項業務的專家。

▷預先安排好問題

經驗老到的講者有時候會刻意先安排問題，以利促進討論，贏得觀眾的信任。預先安排好問題之後，你就可以備妥一鳴驚人的答案。做法是先找出關鍵數據，把這些數據寫在筆記上。提問一出現，你就可以亮出這些早就預備好的答案。

預先安排問題有兩種方式。第一是請同事在特定時機點提出某個問題，接著你便用縝密周全的答案來回覆，畢竟你早就知道一定會有人問這個問題。

另一種方式更高明，那就是留下一個懸而未決的重點，刻意製造理所當然該發問的時機給觀眾。換言之，你將機會之門打開，歡迎大家來提問。當你說「這有點像 Acme 去年在巴西的經驗」，你的用意就是要觀眾接著問「Acme 在巴西發生什麼事」。如果你說「我們的競爭對手從血淋淋的社群媒體經驗學到教訓」，觀眾就會忍不住想問「我們的競爭對手究竟發生什麼事？」

事先安排好的問題可以讓你一鳴驚人，因為你早就知道答案。看在觀眾眼裡，他們會覺得你很行又能掌握局面。若能設定好問題，合理地回答，並以可靠的資料數據來佐證，一定可以展現出你充滿氣勢又能力高強的領導風範。

▷應該先點明問題嗎？

在設計簡報的階段就可以仔細思考該不該迴避某些問題。換個方式來講，如果你已經知道某個重點會引發大家的好奇，你會直接講明還是等觀眾提問再說？

通常能主動講明問題是最好的處理方式。假如你認為一定會有

人問起某件事，不如就直接將這件事放進簡報裡，為什麼非得等別人發問？

簡報的撰寫基本上有很大一部分是以預測觀眾的提問為基礎。由可能的提問串成的思路便成了文稿的流程脈絡。頁面之間的銜接循序漸進，觀眾隨著這樣的流程思考一個又一個的論點。

只有在極少數的情況下，碰到顯而易見的問題也不必特別講明。像這種特殊的時機點，就是為了鼓勵觀眾加入討論。這類問題通常很簡單，但又有助於展現你的能耐和主導能力。

但要是都沒有人問那個顯而易見的問題該怎麼辦？你還是可以指明重點，只需要順勢點出問題即可。比方說你可以這樣講：「現在各位應該會很好奇我們的零售夥伴對這件事有什麼反應……」接著你就說出答案。或者你這麼說：「各位可能會有時間太趕的顧慮。究竟公司能不能在過節之前執行所有事項呢？」你緊接著回答這個問題即可。

 漂亮應答

你對提問的回應方式，會大大影響到觀眾對你和簡報的觀感。因此，針對每一個問題答好答滿是有必要的。

當然，首要之務是你必須對自己的業務有十足把握。也就是說，你了解所有的變數，你知道最新的顧客研究資料，對一直以來的業績表現也有所掌握。有了這樣的基礎，觀眾的提問對你而言便是天賜良機，你可以用來激發對話，鼓勵大家思考。提問愈多是好

事，尤其你如果已經透過提要報告表達過重點的話更是理想。

▷認真聆聽

回答提問的第一個要領就是**好好聽清楚問題**。

聽起來理所當然，做起來卻不容易。你會忍不住想打斷發問，因為你很清楚提問者要的方向，又或者你早就研究過這個問題，知道該怎麼回答。你充滿幹勁，既敏捷又專注，所以你馬上就插話，把答案講出來。你心裡想：「這位觀眾一定是想問我們的競爭性回應！這個議題我思考過好幾個小時，我太熟了，我來回答！」於是你等不及對方把話說完，就直接回答了。

千萬別這麼做！一定要聽完問題，才能百分之百確定觀眾到底要問什麼。況且，打斷發問很有可能會冒犯提問者。觀眾喜歡發言，展現出自己的聰明才智，也為此感到開心。只要觀眾開心，他們就更有可能採納你的建議。

幾年前，我有幸參加芝加哥「Second City」喜劇俱樂部的即興喜劇訓練，其中有一項訓練難倒了我。每個人接話的時候都要用前一位說話者講的最後一個字開頭。譬如有人說「我覺得午餐應該吃中國菜」，那麼下一位就必須用「菜」這個字接著講下去。這種練習會強迫你認真聽別人在講什麼，必須一直等到那個人把話說完，尤其要專心聽最後一個字。

真的是非常不簡單的練習，因為等別人把話全部說完實在不容易。這也突顯出人真的很愛插話，等別人講完話很痛苦。

▷心懷尊重

請望著提問者，點點你的頭，別打斷對方。你應該一副深思的模樣，展現出你對提問的興趣和欣賞。

務必用尊重的態度來面對觀眾。人都希望受到重視和賞識，如果你對觀眾的問題置之不理或一副看不起的樣子，就等於在傳達你認為他們無足輕重又才疏學淺的訊號。這種訊號對你沒有任何助益。

拿出尊重的態度有時候不太容易。有人會問一些荒謬的問題，有人問的事情又是你已經討論過的。不久前我才在某一場會議碰過這樣的狀況，有人問起三分鐘前才有人問過的問題。這種人沒有花心思認真討論，你心裡不免嗤之以鼻，所以也許會忍不住這麼說：「約翰，我剛剛才回答過這個問題，想必有人忙著滑手機，不太專心喔！」

這種回應絕對沒有好處。別忘了，你的目標是努力爭取觀眾的支持，別用羞辱、貶低或輕視的態度來對待他們。假如有人重複問了一樣的問題，你還是應該秉持尊重的原則好好回答。你的作為其他與會人士都會看在眼裡，並因此對你肅然起敬。

▷重述一遍問題

把問題重述一遍，稍微改一下講法，一向是最佳實務做法。譬如執行長問：「競爭對手的定價策略是什麼？」你回答時就可以先這樣說：「這個關於競爭對手定價的問題……」

之所以要重述問題，主要用意有三。第一，確認你聽到了問題，也懂對方在問什麼：即確認提問者的提問。

第二，讓其他在座人士都聽到這個問題。簡報通常會在音場不佳的大會議室舉行，後面的觀眾可能聽不大清楚。大聲說「不好意思，麻煩你再重複一次問題好嗎？」又太老套了。

第三，重述問題的當下，讓你有時間可以思考該怎麼回答。你可以趁著把問題重述一遍的時候整理答案。有哪些相關的重點？我應該用哪些資訊呢？

另外，把問題稍加調整一下，也會更容易處理。假設有人問：「鮑伯，法國 12 月的銷售額成長多少？」你可以在重述時改為：「是的，蘇珊問到法國的銷售額成長情形，去年度的成長率是 3.2%。」這種做法效果相當好，尤其是你只知道某些特定數據的時候。

但小心別把問題改得太多，換言之，重述時還是得保留問題原本的意思。你不會想聽到執行長這樣說：「安齊特，我問的不是這個，我想知道的是法國 12 月的成長率，究竟是多少呢？」這反而使你們之間的互動多了一點火藥味，失去了你原來的用意。

▷完整回答

回答提問的要領很簡單：盡可能完整回答問題。你的回答必須解決問題，同時也要補充支持論點。

如果提問包含兩個部分，那麼這兩個部分都要回答清楚。若有人提出後續問題，也要充分回答。

▷一併提供數據

若是能善用數據，你的答案會更有說服力。你如果回答「過去

這一年來的生產成本增加」，聽起來沒有多大助益，激不起漣漪。但你要是說「生產成本這 12 個月以來增加了 18.4%」，感覺就完全不同了。大家的目光都會被你吸引過來。

倘若你已經預先備妥某些數據，回答問題時也可以善加利用，讓觀眾眼睛為之一亮。要是能夠先準備好四、五個鐵證如山的支持論點來回答提問最是理想。

也許這些支持論點未必百分之百符合觀眾的提問，但沒有關係。比方說你很確定過去這一年來該品類的平均定價上漲 2.45%，那麼你在面對不同提問的時候，還是可以把這個數據用進去。

問題：「我們明年難道不該漲價嗎？」
回答：「我們認為應該要審慎處理漲價這件事。如果漲得太快，市占率可能會大幅下滑。就本類別來說，過去一年來的平均漲幅只有 2.45%，這表示我們沒有多少漲價的空間。」

問題：「這個方案不會有風險嗎？」
回答：「無論是什麼方案總是有風險，但我們認為這個方案的的風險相對均衡。我們打算稍微調漲定價，這麼做也和本類別的趨勢吻合。本類別平均漲幅為 2.45%，跟我們預計要調漲的幅度差不多。」

問題：「我們對競爭對手的策略了解多少？」
回答：「競爭對手看來有財務上的壓力，他們一直在設法獲利。過去一年來本類別的平均漲幅為 2.45%，從這個指標可以

看出獲利是競爭對手目前的第一要務。」

▷**觀察**

　　回答問題的時候應看著提問者，如此可以跟對方建立連結，也才能有所反應。

　　在看著提問者的同時，你也能趁機評估他們對回答的反應。他們若是點點頭、臉上有笑容，就表示你的回答解決了他們的疑問。反過來說，如果他們皺眉頭，就意味著你的答案沒有切中要害。這時可以試探性地詢問對方：「雨果，不知道這個解釋合理嗎？」或「這個答案是否有回答到你的問題？」

避免常見錯誤

　　回答提問時有幾件事情要避免，因為這些動作有可能引起觀眾不快。

▷**眼睛看別處**

　　假如你回答問題時眼睛看別的地方，就是在迴避雙方對話。眼神四處飄，一下看這邊，一下看那邊，會顯得你好像在閃躲問題，也讓你看起來很緊張。一邊回答問題一邊翻閱筆記，則顯露你不知所措，所以才會手忙腳亂找答案，應付既麻煩又棘手的問題。

　　轉過身去問題更大。這樣的動作等於是微妙地羞辱提問者，傳達了觀眾的問題不值得你浪費時間的訊號，不但看輕了提問者，也

有可能激怒他們。

只要有人發問，就應該直接回答他們。偶爾看一下現場，跟其他人連結沒問題，但還是應該把大部分的心思放在提問者身上。

▷翻白眼

只要是暗示提問沒價值的任何舉動，都會造成麻煩，因為這些手勢動作會激怒提問者，有可能讓所有觀眾與你為敵。

比方說，你忍不住翻白眼，尤其是提問實在沒什麼見地，或某人已經問了第九個問題的時候。一句挖苦也許還可以逗大家一笑，但涉及人身攻擊絕對對你的公信力毫無助益。

最好的回應方式就是親切地點點頭，充分回答對方的提問，接下來則盡量避免再與該提問者有眼神接觸，因為這很有可能會耽誤提問時間。

▷把「真是好問題！」掛嘴邊

最近我看到凱洛格管理學院的一位同事發表她對媒體界發展的最新研究報告。那場報告十分有意思，她的研究令人大開眼界，並引起熱烈迴響，大家紛紛發問。

第一位觀眾問到測量方面的問題。我這位同事熱烈地回了一句「真是好問題」，然後繼續回答。然後她又用類似措辭回應第二個問題：「這個問題非常有趣。」接下來的提問者則分別得到「好問題啊！」和「又是一個很棒的問題」這些爽朗的回應。

基本上每一個提問都會得到她熱情的反應，唯一的差別就是有些問題「很棒」、「好極了」，有些問題「非常有趣」。

這種回應提問的方式似乎理所當然，我們一方面好像讚美了問題，順道恭維提問者，另一方面又讓我們多了一點時間來思考問題以及該如何作答。換句話說，我們爭取到時間又炒熱了氣氛，簡直一舉兩得！

最好別這麼做。

只是一再重複這些措辭，並沒有多大意義。如果每個問題都這麼厲害，那還有真正厲害的問題嗎？除非這場簡報會議在小說虛構的烏比岡湖（Lake Wobegon）舉行，那裡的孩童每一個都很優秀，每一個提問都棒得不得了，否則的話不可能所有問題都這麼厲害。

刻意採用這種措辭會讓你陷入麻煩。第一個麻煩是，你只有兩條路走，因為你不可能說某個問題錯得離譜，譬如你如果說「這真是笨問題」，絕對不會有人想跟你做朋友。但如果某人得到「問得真好！」這樣的回應，但另一位提問者沒有獲得讚美，顯然你就是在評斷提問的優劣。觀眾見狀就會紛紛打住，盡量少發問，免得問出笨問題，或至少是比「很棒的問題」笨一點的問題。

另一個麻煩則是這種措辭會不知不覺中減損簡報的力量。假如某個問題真的特別有意思又令人好奇，就應該在簡報中探討才對。你做簡報並不是為了玩「發現問題」的遊戲，而是要徹底討論某個主題。也就是說，只要是任何牽涉其中的動能，無論是有趣還是複雜，你都應該積極探討。

你身為講者的任務並不是評斷問題的優劣，而是設法讓觀眾投入，盡可能回答他們的提問並呈現你的論點。觀眾的提問通常都不賴。

別讚美問題,只要回答問題就好。

如何處理犀利的問題

倘若碰到不知道如何回答的問題,事情就比較麻煩了。譬如當執行長說:「哈維爾,這項投資案的內部報酬率究竟是多少?」但你完全不知道答案,這下可就不妙了。遇到這種情況,有以下幾種做法。

▷用婉轉措辭給出最佳解答

誠如先前所提到的,婉轉措辭有很多轉圜餘地。假如有人問你「去年波蘭的銷售額成長率多少」,你可以回答「我認為成長率接近 4.5%」。這種回答聽起來雖然很直接,但其實包含了兩個但書。「我認為」這三個字顯示出你並不清楚──你只是把自己的認知告訴大家,但未必是正確的。「接近」這兩個字則製造了容許一點不精確的空間,4.3% 跟 4.5% 很接近,而 4.8% 也跟 4.5% 很接近。甚至有人會覺得,6% 也算很接近的數據。

假如你對答案有個大致的概念,這種方式就行得通。但如果你真的毫無頭緒,千萬別亂猜一通。

建議你把這些問題和你的答案記下來,等會議結束之後就去查確切數據,如果有錯的話就更正過來。只要簡短寫一封電子郵件就可以化解很多問題。比方說你可以這樣寫:「蘇珊,我又再確認了波蘭的成長率,結果數字比我想的更高,實際上是 7.6% 才對。」

▷請他人代答

你一定很想把提問轉給團隊裡的人代答，譬如你會說：「哈瑞特，你對歐洲業務很熟，你記得波蘭的成長率是多少嗎？」這麼做可以讓你脫身、轉移風險。

但務必小心，也許你同事沒注意到你說的話，又或者他完全沒有回答提問的心理準備，再不然就是根本不知道答案。無論是哪一種情況，都會顯得你和同事準備得不充分。你把問題轉給哈瑞特，讓他摸不著頭緒，你身上的壓力是解除了，卻使整場簡報少了那麼一點說服力。

因此，只有在你很篤定團隊有辦法處理提問時，才能將問題轉給他們回答。最佳做法是在把問題轉給團隊前先看一下他們的狀況。假如同事隨時都提高警覺又很專心，就可以這麼做。如果他們能夠對你點點頭，表示你可以把問題轉給他們的話最是理想。假如同事滑著手機，眼神放空或根本就睡著了，最好另找他人或你自己來處理。

▷暫緩回答

倘若觀眾提出的問題，你真的不知道答案，不如坦承以對，並告訴對方你稍後會答覆。這種回應方式一點錯也沒有，特別是如果提問要的是很精準的答案且跟簡報沒有直接關係的時候。譬如有人問：「誰是聯合利華（Unilever）的執行長？」但你並不清楚，這時你只要說：「我一下子想不起來，待會我查過之後就答覆你。」當然，一定要記得告訴對方！

給錯答案反而會製造更多麻煩。以上述聯合利華執行長是誰的

問題為例，要是你很有把握地回答傑克‧威爾許，但他實際上是奇異公司的執行長，反倒壞了你的公信力。觀眾都看得出來你根本不知道答案。最糟糕的是，你連自己不知道答案都不知道，真是雪上加霜！

▷ **善用簡報**

有時候面對棘手的問題，只要查看一下簡報，不管是簡報的某張投影片或附錄中的內容，就可以找到答案。

不過我很少這樣做。如果要參考的那頁投影片稍後才會講到，那麼先跳著講的話會壞了簡報的流程。畢竟簡報的設計是依照一定的順序來介紹內容，跳著講會破壞流程，連你要說的故事也會被打亂。所以不妨這樣回應：「丹恩，再過兩頁就會講到你說的問題，麻煩給我五分鐘！」

如果要參考的頁面在附錄，跳到這麼後面的地方也一定很容易出狀況。你快速點了十頁到附錄頁，然後又一路點回你原本在講解的頁面，這整個過程會讓你看起來有點混亂。

15

堅持到底

簡報完結的這一刻非常美妙，尤其一切都十分順利的情況下。漫長的會議開下來，收穫很多，這時的你除了又累又輕鬆，想必也特別開心興奮，一定很想慵懶地放鬆身體、喘口氣。畢竟，這場簡報表現還不賴。

但是別掉以輕心！無論會議進行得順不順利，都應該堅持到底。如果簡報很成功，就應該趁勢利用這股氣勢。但要是成效不彰，你就必須打起精神、重振旗鼓。

答覆提問

簡報結束後的第一要務就是把先前暫緩處理的提問加以解決。通常一場會議下來多少會有一些問題待解，比方說有人問了某個數據，但你手邊沒有資料，或他們希望能看一下特定的市場研究報告。當下你可能針對這些提問給了一個粗略的答案，但也承諾之後會補上確切數據。

盡快解決這些提問很重要，因為這可以展現出你對發問者及其提問的用心。對問題完全置之不理或太慢處理，會招致反感。把提問者和他們的疑問放在心上，就是你爭取支持的最佳途徑。

確認各項決定與後續行動

一場會議最糟的結局大概就是什麼都不確定。大家在沒有任何

決議的情況下離開會議室，只怕心裡會充滿疑惑。

不確定性太容易生成了。也許有人提早離開會議，有人自顧自滑手機回郵件，又或者有人根本沒現身，很多會議開著開著就用掉了全部的時間，到了最後多多少少會倉促行事，亂糟糟地結束。

因此，最好能寫個電子郵件，摘述會議做出的決策，寄給所有與會人士，如此方可確保所有人的想法是一致的，同時也可作為會議紀錄之用。如果有人有異議，也可以利用這封電子郵件表達他們的疑慮。你無論如何都應該掌握大家的立場。

🖐️ 檢討反省

每次簡報結束後都應該檢討反省，花點時間討論簡報當時出現的各種狀況。別忘了，簡報是一門你可以愈來愈精進的技藝。勤業眾信前行銷長強納森・寇帕斯基認為講者檢討簡報表現就像「在看比賽錄影一樣」。

評估表現特別重要，因為簡報不會只有一場。換言之，並非做了簡報之後，事情就這樣進展下去了。就多數情況來講，案子會持續進行，在整個案子完全結束之前，還有更多簡報要做。所以如果能從今天的簡報學到一些教訓，明天做下一場簡報的時候一定會更加進步。

關鍵在於盡快檢討，最好在簡報結束當天就挪出一點時間回顧簡報過程。如果過了一個星期才去回想，細節一定都忘光了。我個人也經常過了幾天之後，回頭想想那場簡報時，發現當時措辭有問

題，但我已經完全搞不清楚是進行到什麼地方的時候出現的。

▷哪些地方效果不錯？

先從表現好的地方著手。哪些部分很有效果？不妨一頁一頁邊看邊想：講到哪個論點時觀眾特別投入？所有人都認同某個論點嗎？哪個部分有人發問，而且你對答如流？

這種正面的地方很容易被忽略，除非你真正細想過，否則可能不會意識到這些效果不錯的地方。

▷哪些地方可以再加強？

一場會議就算再怎麼成功，也有可以改善的空間。比方說，有錯字嗎？我總是在做簡報的當下才發現錯字。當我抬頭看到那個錯字，就會忍不住皺起眉頭。有沒有哪一張圖容易讓人混淆？流程進行到哪個地方的時候不太順？講到哪個部分時觀眾提問特別多？

如果這場會議很失敗——譬如你的提案被否決了——找出失敗的原因更是要緊。

▷是否橫生枝節？

做簡報的時候發生措手不及的狀況往往不是好事。會議一開始，你就應該確切掌握事情的發展走向。倘若你已經下功夫預先推銷簡報，你應該大致知道觀眾會有什麼反應。

假如會議中發生了意外狀況，務必找出原因。是不是因為事前未能跟某些與會人士先談過的緣故？有人改變立場？有新的利害關係人出現？若是能找出原因，就可以想辦法防範下次的進展報告

又出現同樣的問題。

簡報的循環過程

簡報是一種不斷循環的過程，而非一次性活動，如果能用這種角度來看待的話，一定對你大有助益。會議會隨著專案的推進一場一場地開，如果簡報能一帆風順的話，就會為你創造新猷，帶動你個人的職涯發展。

圖 15-1　簡報的循環過程

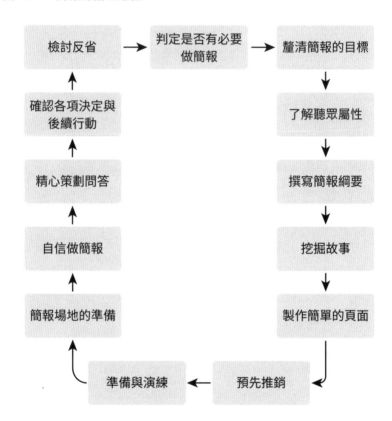

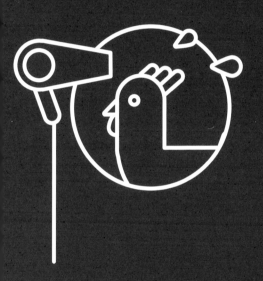

16

TED 演講和賈伯斯

前

陣子我問了一些學生，他們是如何改善自己的簡報技巧。有一位學生馬上就說：「我都看 TED 演講！他們講得超棒。」

另一位學生則說：「我會看賈伯斯的簡報，他根本就是天生的簡報專家，我以他為榜樣。」

這些都是很常見的答案。一般人想到簡報，腦海裡通常就會浮現 TED 和賈伯斯。那些演講的影片唾手可得，影響力非常大。

不過有一個問題。就設計或發表一份出色的商務簡報來講，TED 演講和賈伯斯的作風並非特別有用的範本。這不是隨便說說的，因為從 TED 或賈伯斯的演講和簡報所習得的要領，往往不適用於企業環境。

TED 演講

在此先探討一下 TED 演講的模式。TED 演講算是簡短的簡報，時間大約 20 分鐘。講者站在一個大型空間中央的一塊地毯或方形區塊上，觀眾專心聆聽，場地很暗。演講高潮迭起，沒有提問時間，只有結束時如雷的掌聲。

一般的商務簡報可不是這樣進行的。以大部分的公司來說，大家會慢慢走進會議室，有些人甚至姍姍來遲。不少人拿著咖啡，所以免不了有咖啡灑出來的狀況，帶甜甜圈來吃的人也是有的。大家的對話主題不外乎日常生活（譬如「莎莉，你們家巴比星期六的足球比賽比得怎麼樣？）和工作瑣事（比方說「約翰，你有看到我傳給你的電子郵件嗎？我很需要你的回覆。」）看不到華麗的大場

面，也沒有高潮迭起的內容情節。

　　商務簡報會有提問時間，這一點跟 TED 演講有很大的差別。觀眾會問到假設、資料數據和分析方面的事情。他們打斷簡報，直接問你「巴欽，那個銷售量的數據對嗎？怎麼看起來怪怪的」、「你對第三季的出貨怎麼想？」和「你的模組有把競爭性回應列入計算嗎？」之類的問題。

　　另一個很大的差異是，商務簡報裡的資料數據會受到觀眾的挑戰，但 TED 演講則不大拘泥資訊的來源出處。所以 TED 的講者可以這樣說：「有一項針對慈善捐贈的研究指出……」他們不必列舉參考資料或說明這項研究的細節。但這項資訊到底是從哪裡來的呢？

　　商務簡報一定要列出來源出處，不能只是說「我做了一項分析，分析結果顯示義大利市場是最有前景的投資機會」。這項分析是怎麼做的，你必須加以說明，比方說你用了什麼資訊？你評估了哪些項目？原因何在？這些全都是需要列舉在簡報當中的重要資訊。

　　一個人的「公信力」在商務會議來講至關緊要。你如果不是執行長──既然你在看這本書，想必你應該不是──八成就不是會議當中最資深的人士，那麼這也表示你的意見未必會受到重視。

　　善用資料數據就是你在商業界建立公信力的方法。資深主管也許會反對你的看法，但他們不會反對事實論據，也就是從受信任來源所得來的資料數據。如果從我的嘴巴裡說肥胖是很大的問題，資深的大人物未必會認同。他或許會說：「我覺得你太誇大了，提姆，我看過不少調查研究，肥胖其實不像大家講得那麼嚴重。或許我是例外啦，我是真的應該減少應酬，還不就是這位大衛老兄帶

我去的。」他一講完引來哄堂大笑，接著再也沒有人理會我講了什麼重點。

然而，資料數據可以改變局面。假如我說：「根據美國疾病控制及預防中心指出，國內肥胖人口有 4,020 萬人。該單位預測，未來十年肥胖人口的年增率為 3.5%。肥胖真的是不容小覷又日益嚴重的議題。」這種說法就很難反駁了。

不過話說回來，TED 演講雖然並非最佳的模仿對象，但你還可以從中學到幾招做簡報時可以派得上用場的訣竅。

▷ 說故事

最膾炙人口的 TED 演講往往都是以故事為根基。講者論述主題，探討理論和概念，但這一切都在講者說故事的時候才活靈活現起來。

最棒的故事——也就是最扣人心弦的故事——通常都是很私人的經驗。講別人的故事是一回事，譬如講者或許會說「有一天，這位特別人士做了一件非常不得了的事情」，這種講故事的手法效果不錯，尤其故事本身有趣精采或讓人拍案叫絕的話。但講者如果說「我想跟各位說說我那段跟嚴重的焦慮症奮戰的日子」，觀眾一定正襟危坐，開始做筆記。因為講者準備要揭露一些個人的私密經驗，一種你不會在個人履歷上看到的內容。這種私人的故事影響力最大，而觀眾最念念不忘的也多半是講者述說這些故事的時刻。

故事力量大的道理同樣也能輕鬆應用在商務簡報當中，不過商務簡報所說的故事是有限制的。換句話說，在說故事的同時，也必須具備合理的策略和可靠的事實。這是優先重點，你不能只是

一直說故事。故事應當包覆在內容裡，也就是夾在理論、架構和概念之間。

▷慢慢講

出色的 TED 演講最叫人讚嘆的地方就是節奏。講者說話的速度都會放慢，好像故意把一字一句拖得很長，所以經常可以看到講者停頓片刻的畫面。

做簡報時停頓，看上去似乎不太自然，好像讓人覺得尷尬，所以講者多半只會略微停頓就趕緊繼續往下講，盡可能快馬加鞭一頁接著一頁、一個論點接著一個論點講下去。

這麼做就錯了。

快馬加鞭沒有意義，應該把節奏放緩，慢慢闡述你的論點才對。值得注意的是，TED 講者說話速度很慢的時候，往往也是演講最精采的時刻。

▷善用數據

TED 講者用數據來佐證論點時，通常最具影響力。

當然，資訊有很多種，有時候講者談的是特定課題或某種研究，也可能透過故事或趣聞軼事來支撐他們的論點。不過無論是哪一種，其中都有資訊的存在。

這也是簡報的最佳實務做法。當你要闡明某個論點時，必須用資料數據和資訊來證明這個論點值得相信。

▷數據不能用太多

大多數的 TED 演講都會談到一點數據，但不會太多。講者通常只會提及一、兩項研究，這個要領務必記起來。雖然你可能忍不住想這樣做，但千萬別用一大堆資料數據壓垮觀眾。

🐓 賈伯斯

一般人說到傑出的簡報講者，十之八九都會想到賈伯斯。蘋果執行長賈伯斯就是有非凡的本領可以迷住觀眾。他是天賦異稟的領導者、才華洋溢的產品設計師，也是一位技藝精湛的演說家。

▷值得向賈伯斯學習的習慣

假如研究過賈伯斯如何處理簡報這件事，就會發現其中有幾個特別重要的習慣，是每一個人都可以採行並加以學習的最佳做法。

▫ 做好準備

賈伯斯對簡報十分執著。簡報前的幾個小時他就會現身會場，仔細排練，任何環節都不放過。他會研究燈光，場地布置和整個環境。他竭盡所能做準備，絕不賭運氣。

許多人認為賈伯斯對簡報有一種迷戀。著有《賈伯斯的簡報祕訣》的作家卡曼·蓋洛就指出：「賈伯斯執著於簡報的每一個細節，包括撰寫口號、設計投影片、演練操作展示以及把燈光調整到恰到好處等等，他不心存僥倖。」[1]

賈伯斯會先做好充分準備，因為他知道簡報很重要，而做好準備就是簡報萬無一失的辦法。

做好準備是人人都該秉持的觀念。最後一刻才到場，卻想做出精采簡報，根本就是白費功夫。

▫ 增添趣味

賈伯斯的表演和述說能力搭配得剛剛好。他在展演方面特別有才，不只用說的，還會把東西拿出來。換言之，他會操作演示這樣東西，讓所有觀眾親眼看見。

此舉洞悉了簡報的精髓，因為人都喜歡親眼見識，實際體會。若是能將簡報化為更加生動又具體的經驗，效果就愈強大。

▫ 去蕪存菁

賈伯斯深信去蕪存菁的力量。他把每一張投影片修剪到只留精髓。換言之，簡單就是美。

▷ 不宜仿效的賈伯斯特色

很多人做簡報的時候理所當然想模仿賈伯斯的手法，大家認為：「賈伯斯就是這樣做簡報的，當然也很適合我。」

可惜賈伯斯用的方式未必適用於所有人，他有幾個特點大家最好避免。

▫ 重要資訊留一手

賈伯斯是保留重要資訊的高手。他公開宣稱有創新之舉，但經

常把最誘人又最刺激的消息當成壓箱寶。他總是以「不過等等，我還有一件事要說」這樣的措辭抓住觀眾的眼球。

這種做法看似效果十足，你一直藏著最重大又最刺激的資訊不講，等到觀眾以為會議就要結束的時候才故意說：「喔對了，還有一件事。」

千萬別這麼做。

保留重大資訊會衍生各種問題。

第一個問題就是會議到了尾聲，可能早就已經有人先離開了。雖然我們認為觀眾應該會待到最後，但實際上並非如此。大家很忙，開會時間撞在一起只好拚命趕場的狀況不稀奇。因此現在幾乎每場會議都可以看到觀眾起身提早離去的現象。

資深主管尤其如此。這些人往往是你的重要觀眾，但他們諸事纏身，總是特別忙，所以在簡報還沒結束前就先行離開的狀況是一定有的。

倘若你把重要資訊留到最後，那麼包括你最重要的觀眾在內的某些人，可能會完全錯過你的精采大戲。

因此請切記，你做簡報是有任務要完成的。你的目標是告知觀眾重要資訊、說服他們或跟他們溝通。如果觀眾還沒聽到大新聞就離開會議室，你就失敗了。你沒有好好完成你的任務。

保留重大資訊會衍生的第二個問題是，大家可能沒有機會討論這件大事。假設會議從 9:00 進行到 10:00，結果你在 9:55 的時候拋出震撼消息，但過不了幾分鐘大家也只能散會了，沒辦法好好討論這件事或給什麼反應。所以要再次重申的是，保留資訊真的麻煩很大。

第三個問題是，時間可能無法配合。最有成效的商務會議，往往不是簡報本身的功勞，而是討論所促成的。大家會發問、提出疑慮並辯論各個論點。也許觀眾當中會有人向另一個人提問：「約翰，你真的認為我們可以把這項產品打進 Aldi 嗎？」這種程度的互動十分必要，也顯示出觀眾很投入，用心在思考議題。

只是說，會議極有可能因為互動討論而難以控制時間，但你又沒辦法真的請資深主管把嘴巴閉上。執行長如果有問題要問，就一定會問。假如你現在正在向維珍公司（Virgin）創辦人理查・布蘭森（Richard Branson）做簡報，你絕對不可能對他說：「這個嘛，理查，你的問題真的很有意思，但我們現在真的沒時間好好討論這個問題，不如先照進度來好嗎？」

會議可能會開得比預計時間還長，你必須為這種不確定性做好準備。

如果把重頭大戲留在會議尾聲，恐怕會搞砸。簡報若有所拖延，你在沒有多餘時間的情況下，只好快速帶過後面幾張投影片。當大家開始開始收拾東西，檢查郵件的時候，你才把重大資訊搬出來，時機顯然不是很妥當。

▫ 不提數據

賈伯斯的簡報有一個很神奇的地方就是很少看到資料、分析或計算。也許一張頁面上就只有一個字詞，另一張頁面只放了一張照片，而第三張頁面也只有一張圖像。這種模式可以產生強大的衝擊力，讓人驚嘆簡報的高雅與簡約。

但我的建議很簡單，別學他！

之所以不宜採用這種方式，主要是因為你並非賈伯斯，也永遠不會成為賈伯斯。賈伯斯做簡報的時候只要呈現一個字詞，並用這個字詞大談特談，觀眾就會認真聽，而且聽得懂，也充分認同。這一點確實非常神奇。

但大多數的商務簡報不吃這一套。

如果你要跟某公司高層會面，結果你做的投影片頁面上就只有一個字詞，一定會讓人覺得莫名其妙。這根本是在替災難鋪路。

企業界有上下階層之分，也就是說，有些人地位比較高，有些人地位較低。以一般情況來說，通常都是地位低的人向地位高的人提出建議。

因此，地位低的人不能只說「投資」二字，就指望得到一呼百諾的效果。資深主管想聽到理由的闡述。

因此，你必須有資料和數據，才能向資深主管提出說服力十足的建議。換言之，你需要數字和事實，得向觀眾報告時程、定價和預期收益。展示一張只有一個字詞或一張圖片的頁面，難以助你旗開得勝。

▫ **保密**

保密也是賈伯斯一個十分顯著的特色。除非產品已臻成熟，否則他絕對不會透露一絲口風。產品仍在開發階段之際，他會確保整個團隊把保密做到滴水不漏。

顯然賈伯斯用這一套很吃得開，因為保密讓他得以保留了驚喜，更重要的是，他也因此在競爭市場上保住領先優勢。賈伯斯知道其他公司勢必會盡可能研究他的新產品，所以保密真的很重要。

這時也許有人會想，自己也應該保密，什麼都不透露。這種概念在企業環境來講是有可能做到的，只要盡量減少專案或新舉措的最新進展報告，就有機會保留驚喜。

但我的建議還是一樣，別學他！

企業界重視資訊的傳達，大家都需要知道現在有什麼狀況。假如你守口如瓶，就沒辦法傳達資訊，對資深主管和跨部門同事來說都會產生很大的問題。

資深主管必須掌握現況，把他們蒙在鼓裡對你沒有好處。專案若是順利進行，你應該讓他們知道，做了重要決策，也必須向他們報告最新發展。

給老闆找麻煩最簡單的做法就是什麼事都不告訴他。所以你應該多多傳達資訊，而不是什麼口風都不透露。

對於跨部門同事來說也是同樣的道理。同事必須知道事情的發展現況，倘若你把他們蒙在鼓裡，他們會覺得很失望。更重要的是，這樣他們就沒辦法出手相助了。

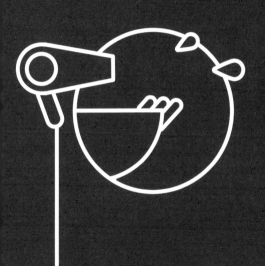

17

簡報的常見問題

講到簡報，大家都有很多疑問，因為要顧及許多層面的緣故。以下列出我最常碰到的問題。

▷ 我一定要用 PowerPoint 嗎？

當然不用，你也可以使用其他軟體。

PowerPoint 只是用來展示資訊的軟體工具之一，還是有很多其他工具可以使用，而且效果也不錯，甚至效果更佳。

我記得小時候看過父親為演講做準備，當時他是紐約州立大學水牛城醫學院的教授。他花了幾天功夫製作簡報，然後把素材資料交給負責製作幻燈片的職員，約莫一個星期後，他就收到了幻燈片。

接著他開始排練。幻燈片的大小約為 5×5 平方公分，他拿起一張幻燈片，把它放進小幻燈片投影機裡面，畫面就會投影出來，他便開始講解這張幻燈片的內容。講解完以後，再放下一張幻燈片，然後接著繼續解說。

我父親動作嫻熟地操作他那臺略顯笨重的幻燈片投影機。他一邊做簡報一邊流暢地更換幻燈片。演講結束後，他把幻燈片仔細整理好並妥善收存。我們家飯廳有一個很大的箱子，裡面整整齊齊放著他簡報過的所有幻燈片，留待下次演講時使用。

如果你想走復古風，用這種幻燈片投影機來做簡報，放手去做吧，一定很醒目！

倘若你是果粉，想用 Keynote 這款蘋果簡報軟體，當然沒問題！喜歡時尚風簡報製作平台 Prezi 的人，也盡情使用吧！要是你可以開發自己的系統，那也很好。

但無論如何請牢記以下兩個重點：

第一，只用你很順手的程式或技巧。向執行長做簡報的場合，可不是用來嘗試新軟體的好時機。不熟悉的軟體往往讓你狀況百出，顯得你未做足準備。這不但會製造麻煩，也讓觀眾對你的技能與才幹產生懷疑。執行長說不定會想：「這傢伙如果連做簡報不出錯都辦不到，真不敢想像這個案子會有多順利。」這絕對不是你想要的結果。

第二，不管你用什麼軟體，依然要遵守製作簡報的原則。換言之，封面頁、議程和提要報告缺一不可。每一頁投影片都應該有標題、支持論點，同時頁面也要保持簡單、一目了然。

無論用何種平台來製作簡報，別只是把紙本簡報發給觀眾翻閱就好，而是應該想個辦法強迫自己站起來主導簡報現場的氣氛。把紙本資料發給觀眾意味著你坐著講解也沒關係，這給人隨性又親切的觀感，但是對身為講者的你沒有好處。

能不能成功吸引眾人目光、抓住眾人的注意力，就看這個人有沒有辦法站起來對大家說話。當一個人站著的時候，自然就會成為這個空間最醒目的焦點，因為大家都會看著他。當他講話的時候，聲音可以更洪亮、傳得更遠。

假如你是執行長或總裁，就不必太為這種事費心，因為大家知道你有權力炒他們魷魚，所以一定會認真聽你講話，這種顧慮足以讓大家保持專注。

但如果你不是執行長，就必須想方設法主宰現場。觀眾不會自動服膺你的氣勢與聲望，而站著講話則可以幫你達到目的。

然而，你需要一個站著的理由。換言之，你需要用牆面上的螢

幕來做簡報，你可以對著螢幕走過去，指著它講解內容。坐在位子上會滅了你的氣勢。

▷標題一定要放在頁面最上方嗎？

是的，請務必將標題放在頁面最上方。

原因很簡單：觀眾通常都是從頁面最上方開始讀起。最重要的論點應該馬上讓觀眾看到，所以一定要放在最上方的標題位置。

這種配置也方便觀眾閱讀，他們會立刻看到頁面的重點。假如他們認同你的主要論點，就會跳過分析資料，繼續看下一頁。既然已經認同論點，又何必還要花時間看佐證資料？

但如果觀眾不認同，就會繼續瀏覽論點的佐證資料。他們想知道你給的理由夠不夠強？你的邏輯有沒有漏洞？

有些人會建議把主要論點擺在頁面底部。這種做法有它的邏輯：因為最底下往往是上方資料的總結。也就是說，除非上方呈現了一些資料，在底部做總結才合理。

但這種做法其實效果不彰，因為這假定觀眾會讀完整個頁面的內容，但觀眾通常不會如你所願。

另外又有一些人喜歡雙管齊下，也就是最上方列出標題，底部也放上論點總結。理論上來講，這種稍微複雜一點的配置集結了兩種做法的精華：標題陳述本頁論點，底部的總結則能再次確認論點。

但很可惜，這也行不通。主要論點若放在頁面底部，觀眾通常不會看到那裡，這樣就白費心機了。如果把主要論點放在標題，底部的總結又顯得多餘。這樣標題跟註腳又有何不同？觀眾只會更

混淆而已。

因此，最佳做法就是保持簡單，用標題陳述主要論點即可。

▷簡報愈短愈好對吧？

錯！簡潔的簡報是比複雜的簡報更理想，不過有些狀況下增加一點複雜度會讓簡報發揮更好的效果。

不過這種論述未必表示簡報愈短就一定愈好。

有時候你需要用多一點頁面來解釋某個情況，接著再提出建議。比方說，如果你手上的業務特別複雜，自然需要很多投影片來說明業務現況。

想盡辦法把所有資訊壓縮在同一張投影片上，或是只用少少幾張投影片來解說，反而會使簡報效果大打折扣。單單用一張投影片來呈現複雜的分析資料及所蘊含的意義，是達不到效果的，因為資訊太多的緣故。把資訊分散在幾張頁面上就能解決這個問題：第一頁解釋分析方法，第二頁突顯主要假設，第三頁展示實際的分析過程，第四頁則點出分析資料所蘊含的意義。

一般說來，八頁的簡報會比 20 頁的簡報更精簡、更好懂，說服力也更強。

不過以我曾做過最複雜的簡報來講，其中有一些就必須用很多頁投影片來講解，比方說奶油產品 Parkay Margarine 的定價重整建議就用上 70 多頁的投影片。我循序漸進解說十分複雜的分析和一連串計算過程。每一頁的內容都很簡單且順勢導出下一頁內容。這項重整建議爭議性高、風險大，但因為簡報脈絡合情合理，觀眾看了也覺得這是理所當然的方案。

▷我應該背講稿嗎？

不需要。千萬別死背講稿。死記硬背沒好處，原因有三。

首先，背講稿會讓你少了說服力。你的目標是說服觀眾支持你的建議，所以應該用自然又堅定的口吻來講解，才能達成目標。換言之，你應該解說你的想法，別用講道或說教似的方式對著觀眾說話。自然而然談一談內容，讓觀眾看到你的邏輯就是最好的做法。

倘若講稿用背的，你看起來一定既僵硬又做作，你的臉會因為努力回想下一句臺詞而皺成一團。

如果把講解內容寫出來的話，就看得更明顯了。人說話時跟書寫時不同。做簡報時背講稿，絕對是摧毀講者充滿自信、機智又沉著的形象最屬害的方法。

其次，把講稿背出來的當下，你會很容易慌張。這是因為一心一意只想著要憶起背過的內容，所以一旦開始結結巴巴，就很難恢復正常。這有點像狀況頻頻的舞臺劇：演員只要一忘詞，也只能無助地杵在那兒。他們記不起流程，不知道該如何繼續，除非這個時候後臺有人幫他提詞，譬如那個人會大喊「史蒂文，你怎麼可以這樣騙我？」接著這位演員才總算有辦法靠著這句提詞繼續演下去。

不去費心思背講稿，自然就不會有忘記的可能。換句話說，不背講稿的話，忘詞的風險就全都消失了。別忘了，做商務簡報的時候不會有人幫你提詞。你的同事蘇珊可不會在你忘詞時緊接著讀她腳本上的內容：「這就是我們為什麼要分析非促銷價的原因。」

第三個原因是，背講稿太花時間了。把 60 分鐘的講稿背得滾瓜爛熟不是一件容易的事情。你得先寫出簡報，仔細讀過，把內容背起來，然後一再地演練。你若是有非凡的記憶力，速度或許會比

較快，不過對大多數人而言，這真的太困難了。為什麼要花這麼多心力去背東西呢？倒不如把時間拿來檢驗簡報的邏輯和分析資料。

▷一份文件有辦法同時用來閱讀和報告嗎？

閱讀用文件有別於報告用文件，這是毫無疑問的。兩者之間的不同就好比書和電影的差別。故事和素材或許一樣，但處理的手法截然不同。

有鑑於此，很多人認為要製作一份同時適用於兩種用途的文件是不可能的。換言之，你沒辦法做出一份閱讀和報告皆宜的簡報。《簡報聖經》（*Presenting to Win*）作者傑瑞・魏斯曼就寫道：「簡報是簡報，也**只能**是簡報，不可作為文件來看待。」[1]

但就商業界而言，簡報卻**必須**同時肩負兩種角色。也就是說，同一份文件除了拿來閱讀之外，也要能以報告方式呈現。

因此，當你在建構文件時，務必秉持這個原則。你的簡報需要足夠的資訊和細節，讓別人即使沒有參加簡報會議也能一讀就懂。但在此同時，簡報也應當保持簡潔扼要。

雖然這不容易做到，但簡報確實需要兩種管道都通用。

▷我應該搞笑嗎？

別有這種念頭！商務方面的事情本來就不逗趣。大家在思考定價策略或新產品上市的問題時，基本上不會爆笑出聲。畢竟這個領域不走狂歡路線，耍幽默會讓人覺得尷尬又牽強，所以別這麼做。財經記者傑佛瑞・詹姆斯的建議是：「把喜劇留給專業表演者吧！」[2]

想像一下一場不停搞笑的商務簡報是什麼模樣。

「各位早安。我開會一向喜歡先講個笑話暖場一下。各位知道香蕉跳樓自殺會變成什麼？會變茄子！因為瘀青了！這個笑話我超愛的。」

「好的，現在我們就來談一談新產品建議。這款新產品實在太棒了，又讓我想到一個笑話。什麼動物最屬害？答案是灰熊，因為『灰熊屬害』！」

「不過說正經的，這次的新產品真的很棒。對於產品的上市，我們比金頂電池那隻兔子還興奮！」

這種搞笑作風絕對不會為你製造幹練的形象，觀眾見了反而會想：「這位愛開玩笑的仁兄是誰啊？他怎麼會跑來做這個專案？」

做商務簡報時耍幽默會有三大問題。第一，這會傳達錯誤訊號，因為你在講笑話的同時，就顯現出你並未認真看待簡報內容。觀眾會因此對你的建議感到不信任與不安。

少有商務主題能靠幽默來加分。難道講幾個好笑的笑話就能使定價建議更具說服力？大家會因為你搞笑就比較願意接受關廠或取消產品的決定嗎？

其次，有時候為了搞笑很容易冒犯他人。假如你在一家全球性企業工作，問題會特別嚴重。有些幽默僅限於特定文化，也就是說，在這個國家來講很好笑的事情，到了另一個國家可能就變成侮辱了。所以當你費心搞笑的時候，其實很容易做出失禮之舉，真的不值得。

第三，笑話不見得有好效果。假如你說「我來講一個超級好笑的笑話給各位聽」，說不定觀眾的反應會讓你覺得大失所望。沒半個人笑怎麼辦？這時你碰到的麻煩是：簡報不但沒有激發出氣勢並取得有利位置，反倒停滯不前。而且最莫名其妙的就是，這個笑話根本不重要。所以說，搞笑只有百害而無一利。既然是件沒有重大好處的事情，就別冒著風險去做。

當然，一點點風趣的談笑是沒問題的，尤其如果你的目標觀眾喜歡的幽默跟你的作風很像的話。沒人喜歡沉悶至極的會議，適時加一點說說笑笑可以活絡氣氛。

如果你還是決定要施展一下幽默感，請注意以下這三個建議。第一，笑話或逗趣的故事用說的就好，別把這些素材放進投影片。倘若這些素材效果不佳，也很快就會淡化下來；但文件和投影片是會一直存在的東西，也容易被斷章取義。

第二，務必先掌握觀眾的特性。如果你不太了解觀眾，那麼為了安全起見，最好還是別說俏皮話或開玩笑為妙。

第三，拿自己開玩笑就好。譬如把你最近去出差時發生的趣事拿出來講，效果會很不錯，因為你是拿自己的經驗開開玩笑。不過還是要斟酌，像「我對數字完全沒輒，所以我很訝異自己竟然記得提款卡密碼是幾號」這種話，就無助於提升你在組織的地位，反倒讓別人對你的技能與能力產生疑慮。

▷如果我發現簡報裡有個很大的錯誤該怎麼辦？

做簡報的當下竟然發現裡面有重大錯誤，真是難堪！文法錯誤不應該，數學運算出錯更是糟糕。

不管我們再怎麼努力避免，但出錯在所難免。你對這種狀況的反應會大大影響到你的名聲與職涯。

究竟該如何反應，應視錯誤類型而有所不同。假如只是一個錯字或格式上的小差錯，直接忽略即可。盡快講解到下一張投影片，觀眾沒有注意到的話最好。當然，你之後還是可以修改錯誤，把正式文件弄妥。

財務資料方面出大錯的話，問題就比較大。

財務資料的計算錯誤分為兩種。一種是文稿上的錯，比方說你把兩個數字弄顛倒了，或者是逗號放錯位置、放錯數據等等。這些雖然很明顯都是錯誤，但可以比照格式錯誤，快速帶過並講解下一頁即可。若有觀眾問到這些數字，不妨這樣坦承錯誤：「這裡應該是 1,792，而不是 7,192。我會更正過來，很抱歉有這個疏失。」

另一種計算錯誤的問題，層次完全不同。若碰到這種狀況，你必須拖延時間。如果數字真的有誤，就不能急著要大家達成共識。不可讓觀眾參考錯誤的計算結果，當作認同某方案的依據。

但你也不能就此終止會議。你要是做出「如各位所見，這些數字全都弄錯了，不知道怎麼會發生這種事」的宣告，只會顯得你準備不充分又無能。這種情形恐怕對你的職涯發展不利。

倘若數字真的有錯，你就必須一邊做簡報，一邊找機會修改你的建議，這便是你要設法闖過的難關。這個任務不容易！

訣竅就在於放棄積極性的陳述，立刻改用婉轉一點的措辭。譬如你可以說「這些數字我們一直在斟酌」和「這些都是初步數字，等我們驗證過一些重要假設之後，會將正確數字提供給各位」。透過這種婉轉措辭，你就可以藉機表明你會安排下一場會議，屆時會

將最新且更精確的數據提供給大家參考。

▷一場簡報會議安排幾位講者比較適當？

講者愈少愈理想。

一般人做簡報的時候需要花點時間讓狀況穩定下來。他們必須抓到現場的氣氛，調整說話的音量，進入做簡報的狀態。當然，觀眾也需要一點時間才能習慣這位講者的模式。

「有利位置」也是一個考量點。講者在解說較為複雜又有爭議的內容之前，應該先花一點時間介紹容易理解的資訊。在場每一位講者所負責的簡報雖然是以上一位講者的內容為基礎來推展，但又必須設法為自己掙得有利位置。

因此，講者人數愈少，就可以盡量避免換手和干擾。無論如何，別採用多位講者輪番上陣並各自簡報五分鐘的做法，這種簡報模式的效果很差。

當然有時候還是會碰到必須由不同講者來介紹內容的狀況，其背後通常具有背書、專業和政治層面上的考量。

背書很重要，因為任何事物都有它的象徵性。你可以請資深主管來做開場，此舉顯示出簡報內容已經過主管認證。當資深主管起身向大家簡報，這個動作讓他們從內容的審查者或裁判轉變成支持者，是運作這場簡報的一分子。

前陣子我到我子女的學校參加一年一度的「開學」晚會活動。簡報一開始先由校長歡迎學生返校，祝學生新學年順心作為暖場，接著他再把麥克風遞給中學部負責人。這個舉動的言下之意就是他全心全意支持本活動，而接下來則交由他的團隊負責。這種方式

效果卓著。

　　另一個換講者上場的理由是專業度的問題。有些特定主題由特定人士來講解最是理想，比方說行銷人員獎勵計畫最好就由行銷部門的人來說明。研發部門的人最能夠充分講解產品的新研發配方，如果請財務部的人來簡報研發計畫就太奇怪了。一項以多變項迴歸為主的進階財務模型，自然是由懂這種模型的人來負責說明比較恰當。

　　另外又有政治方面的因素。有些狀況下，你必須因應組織態勢，請特定人士來做簡報。如果不請這些人士上場簡報的話，也許會冒犯他們。比方說你跟財務部的關係有點問題，就必須特別花心思爭取他們的支持。

　　顧全政治層面不見得能為你的簡報加分，也許你請來的特定講者實在不擅長做簡報。但話又說回來，你不可能對組織態勢置之不理，無論在任何組織，這種態勢都有它的影響力。不理會政治層面的因素並不表示這種東西會就此消失，反而會讓你惹上麻煩。

▷ 我該如何快速改進簡報？

　　以下提供三個簡單的建議給各位參考。

　　首先，投影片應簡潔有力，避免雜亂又沒有標題，切勿把投影片塞滿資料數據。

　　就在不久前，我看了一場由某非洲大國的資深政府官員所發表的簡報。他在 30 分鐘的簡報當中講解了 40 多頁的投影片，每張投影片都塞滿了各種圖表。我想辦法解讀每張投影片的內容，但一直失敗。我根本無法在有限時間內把整張投影片從頭看到尾，更別說

弄懂那些資料在講什麼，發問自然也是不可能的事。

這種進展報告一點實質意義也沒有，倒不如把那些投影片全部省略，因為那些頁面只會讓觀眾受挫又抓不到重點。

其次，在書寫上請避免被動語態。下筆時最好用主動語態，意即句子應當有主詞和動詞，什麼人做了什麼事應該寫清楚。被動語態把主詞藏了起來，顯得沒有氣勢、沒有行動力。

試想以下兩種說法：

· 這隻全身毛茸茸的狗咬了郵差。
· 郵差被咬了。

第一句清清楚楚，事情和始作俑者都寫得一目了然。狗咬了郵差，這樣的措辭讓事情感覺有所進展。你看了這個句子會想：「那接下來又發生了什麼事？」

第二句則顯得平板，沒有動作或活力。郵差被咬了──的確是很倒楣啦，但有時候衰事就是會發生。關鍵問題是，誰咬了郵差？是狗咬的嗎？鄰居咬的？還是狼咬的？

同樣的道理也適用於商業寫作。請看以下兩個例子：

· Xenon Corporation 今年推出重點新產品。
· 重點新產品在今年推出了。

一樣可以從上述例子看到，第一句有生命力，第二句則缺乏氣勢。被動語態的書寫除了使陳述平板無生趣，還具有免責作用。換

言之，被動語態讓你得以從特定情況中開脫。當你說「我沒有準時發貨」，顯而易見這是你的過錯，該由你負責。但如果你說「產品沒有準時配送」，則表示有人沒有準時發貨，但究竟是誰並不清楚。

　　第三個建議是買個無線簡報器吧，花個 40 或 50 塊美元就可以買到這種小裝置。簡報器用起來很簡單，只要把接收裝置插入電腦即可。你可以用簡報器來播放下一頁投影片，不用回頭操作電腦。這樣你就能夠自由地四處走動，而且也可以把電腦放在不會擋到路的地方。手上有一個自己的裝置真的很理想，不但可以讓觀眾看到你有備而來，你熟練使用簡報器的模樣他們也看在眼裡。這筆錢值得你花下去。

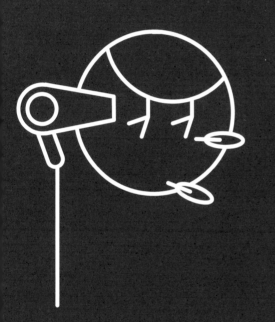

18

五項值得關注的研究

學術界針對簡報這門技藝做了非常多很有意思的研究。以下列出其中五項研究，有助於你增進簡報技巧。

研究一：艱澀用字的影響力

一般認為，聰明人喜歡用艱深複雜的詞藻。言下之意就是只有聰明人才懂這種很難的字詞，並且精準地使用這些字詞來交流。所以也可以說，賣弄詞藻多少也微妙展現了說話者的高智商。只有最厲害的人會用「殫見洽聞」、「白雲蒼狗」、「宣達」和「擦劑」這種字眼。

普林斯頓大學研究員丹尼爾·歐本海默（Daniel Oppenheimer）決定測試這種論調，他做了五個相當有趣的實驗，並將實驗結果發表在《應用認知心理學》期刊（*Applied Cognitive Psychology*）。[1] 我將其中三個實驗改述如下。

▷實驗一

在第一個實驗裡，歐本海默先從英國文學系研究生學程的入學申請書當中挑出六篇自傳。另外他又創作了兩篇新自傳。其中一篇是「高度複雜」版，他把這個版本裡所有的名詞、形容詞和動詞都換成 Microsoft Word 2000 詞庫裡最長的字詞。另外一篇「中度複雜」版的自傳則每隔兩個字都換長字詞。

接著他讓 71 位史丹佛大學生看過這幾篇自傳，並請他們針對自傳的複雜度和入學資格評分。

評分結果很特別。一如預期，受試者發現調整過的自傳比較複雜，「難讀」項目的分數明顯偏高。

另外受試者也發現，比較複雜的自傳讀起來索然無味，以 +7 到 -7 的接受量表來看的話，他們對原版自傳的評分為平均 0.67 分，中度複雜版自傳為 -0.17 分，而高度複雜版則為 -2.1 分。

▷實驗二

在第二個實驗中，歐本海默把同一段文字翻譯成兩種版本，藉以測試用字遣詞的影響力。

歐本海默請39位學生閱讀兩篇譯自笛卡兒（Rene Descartes）《第四個迷思》（*Meditation IV*）第一段的文章。這兩篇譯文的遣詞用字和文法結構在複雜度上有明顯差別。他請學生針對文章作者的智力評分。他只告訴其中一部分學生這段文字的作者是笛卡兒。

評分結果出爐：不知道作者是誰的學生認為用字簡單的作者比較聰明。以 7 分量表來看，學生給用字複雜的作者平均 4.0 分，用字簡單的作者 4.7 分。

知道作者是笛卡兒的學生對文章難易的感受差不多，他們給用字複雜的作者 5.6 分，用字簡單的作者 6.5 分。

▷實驗三

在第三個實驗中，歐本海默測試的是文章用字簡單是否會影響讀者觀感。

他分析了一批史丹佛大學社會學系的論文摘要，把含最多由九個字母以上組成的字詞的摘要挑出來。然後他又針對這些摘要另外

準備了更簡單的版本，也就是把其中由九個字母以上組成的字詞都換成 Microsoft Word 2000 詞庫裡第二短的字詞。

他將兩種版本的摘要給學生過目，請他們針對摘要複雜度和作者的智力評分。

參與研究的學生認為複雜版摘要的確比較複雜，以 7 分量表來看複雜度的話，他們給複雜版摘要 5.6 分、簡單版摘要 4.9 分。

他們也認為簡單版摘要的作者比較聰明，平均分數為 4.8 分，複雜版摘要的作者為 4.26 分。

▷**實驗啟示**

歐本海默這幾項研究得出了一個重要洞見。用字艱深未必會讓你看起來更聰明，反而會出現反效果。換言之，如果你用很艱深的詞藻，大家會覺得你不太聰明。

這項研究發現和一般認知相違背，值得深思並牢記在心。

從實驗得到的啟示很清楚，用字務必簡單！

研究二：內容複雜度對選擇的影響

我個人最愛的研究之一是由史丹佛大學教授馬克・萊普（Mark Lepper）和哥倫比亞大學教授希娜・艾恩嘉（Sheena Iyengar）所做的研究。這兩位透過一系列實驗探索選擇多寡對顧客喜好的影響。[2]

以下列舉其中兩項十分有趣的實驗。

▷實驗一

在第一個實驗中，萊普和艾恩嘉在食品雜貨店請顧客試吃果醬。他們找了一天在店內擺好桌子，開了六瓶不同口味的果醬。又過了幾天，他們一樣擺上桌子，開了果醬，不過這次他們總共開了 24 瓶不同口味的果醬，包括覆盆子、草莓、葡萄、杏仁和其他口味。

他們藉此觀察顧客的反應。會有多少人在試吃桌前駐足呢？這些顧客會有什麼舉動？他們最後到底有沒有買果醬？

實驗結果很顯著。提供的果醬愈多，在試吃桌前停留的顧客也愈多。只提供六種口味果醬的話，有 40% 的顧客停留；可是有 24 種口味時，在試吃桌前停留的顧客增加到 60%。飆升這麼多！

不過，選擇多雖然吸引了較多顧客，但顧客的好奇心卻未轉化為實際的購買行動。只提供六種口味時，有 30% 停留的顧客最終會購買果醬。試吃桌有 24 種口味時，停留的顧客最終會購買的比例竟暴跌至只有 3%，說穿了就是根本沒有買氣。

▷實驗二

為了進一步探索選擇的影響力，萊普和艾恩嘉邀請受試者參加巧克力試吃活動。他們讓受試者試吃 Godiva 巧克力，並請他們針對口味評分。另外，受試者還可以任選五塊美元或一盒價值五塊美元的 Godiva 巧克力，作為參與研究的感謝禮。兩位學者把受試者選擇巧克力作為禮物當作是購買意願的指標。

其中一組試吃人員有六種 Godiva 巧克力可選。另一組則有 30 種可選，也就是滿滿一盒裝了各種口味的巧克力，包括焦糖、花

生、淡巧克力、黑巧克力、櫻桃等等。

實驗結果出爐，有三項重大發現，十分有意思。

有較多種類可選的受試者，非常享受整個決定的過程，以 7 分量表來看的話，他們給了 6.02 分，而只有六種可選的受試者則給了 4.72 分。

然而，選項較多的受試者相對來講卻沒有那麼喜歡這些巧克力。他們給巧克力口味的綜合分數為 5.46，跟選項較少的受試者給的 6.28 分明顯低了很多。

以購買率來講，實驗結果更是明確。試吃種類有限的受試者幾乎有一半挑了巧克力作為感謝禮。但選擇很多的受試者挑巧克力作為禮物的比例，則下滑到只有 12%。

▷**實驗啟示**

萊普和艾恩嘉所做的選擇實驗突顯了兩大重點。

首先，人喜歡複雜。從果醬的實驗可以看到，顧客深受那些琳瑯滿目的果醬所吸引。巧克力的實驗也顯示出，受試者覺得選擇愈多就愈開心。

其次，選擇太多反而不利於做決定。人在面對複雜性與過多的選擇時，往往會迴避做決定，而且不得不做出選擇時也會感到不滿。

從簡報的角度來看，實驗結果所代表的意義也十分重要。第一，如果你問大家想要什麼，他們會說想要有很多選擇、很多細節和複雜的東西。資深主管要是可以選擇的話，他一定會請你提供更多資訊、做長一點的簡報。

第二，人其實不想要複雜。有一大堆細節和選擇的龐雜簡報，根本不太可能取得共識、促成行動。

研究三：簡明度對閱讀動機的影響

密西根大學兩位研究員宋賢真（Hyunjin Song）和諾柏特・施瓦茨（Norbert Schwarz）進行一系列有趣的實驗，研究自覺努力（perceived effort）對行為改變的影響。[3]

▷**實驗一**

在第一個實驗中，宋賢真和施瓦茨提供受測者一項例行活動的操作說明。他們先把操作說明分別用易讀的字型（12 級 Arial 字型）和難讀的字型（12 級 Brush 字型）印出來，接著再調查受測者認為做這項活動需要多少時間，以及他們從事該活動的樂意程度。

結果用難讀字型印出來的操作說明讓受測者覺得該活動需要花比較久的時間，他們也不太想從事該活動。受測者認為以易讀字型印出來的說明來評估的話，從事該活動所需的時間平均為 8.23 分鐘，而用難讀字型印出來的同一份說明，則讓受測者覺得該活動需要 15.1 分鐘。

以 7 分量表來看，針對以易讀字型印製的活動，受測者的從事意願為 4.5 分，而用難讀字型印製的活動，受測者的從事意願降到只有 2.9 分。

▷**實驗二**

接著宋賢真和施瓦茨又提供受測者製作日本手捲的食譜,這次同樣也用兩種不同的字型來印食譜。

兩位研究員除了請受測者評估製作日本手捲需要多少時間以及從事這項活動的樂意程度之外,也向受測者詢問食譜細節,藉此評估受測者的記憶力。

實驗結果十分明確。用難讀的字型印出來的食譜,受測者看了以後認為需要花比較久的製作時間(36.15 分鐘,易讀食譜是22.71 分鐘),願意動手做這道菜的分數也比較低(2.85 分,易讀食譜為 4.21 分)。另外,比較難讀的食譜,受測者記得的內容也比較少。

▷**實驗啟示**

這幾項實驗所點出的重點很簡單。人碰到難讀的東西往往就會認為它特別難,也不太願意去做。從簡報的角度來看,這也表示我們如何呈現資訊,會大大影響到觀眾吸收資訊的方式。人會抗拒看起來很複雜的東西。

研究四:無意義數據的影響

瑞典梅拉達倫大學的學者基莫·艾瑞森(Kimmo Eriksson)做了一項我個人十分喜歡的研究,他透過實驗找出無意義的算式對品質觀感的影響。[4]

　　艾瑞森先挑出兩篇經過潤飾的研究論文，然後又用這兩篇論文改寫出另外兩個版本。第一版是原本潤飾過的論文，第二版則加了一小段從其他論文挪用過來的文字。這段文字裡面包含了一個跟論文上下文完全無關的算式。該段文字的內容如下：

　　　　我們建立了一個數學模型（TPP=T0－fT0d2－fTPdf）來描述連續效應。

　　接著他找到 200 位具有研究所學位且對審查研究報告富有經驗的受試者，將兩種版本的論文寄給他們，並請他們針對研究報告的品質提供意見回饋。

　　實驗結果揭曉：受試者普遍認為加了無意義算式的論文品質比較好。

　　有人文、社會科學、醫學和其他相關領域背景的受試者，尤其容易受到影響。數學或理工背景出身的受試者則認為含有無意義算式的論文品質較低，但話說回來，加入無意義算式對具有數學理工背景的人來說，其實也無傷大雅。

▷**實驗啟示**

　　艾瑞森的研究顯示出複雜的分析有強化論點的效果。人只要碰到數理公式，往往就會覺得這項研究特別嚴謹。

　　從簡報的角度來看，艾瑞森的研究則指出，刻意使用複雜的分析有助於抬升你的公信力。一條方程式或者是多變項迴歸分析，便

可提升你嚴謹的形象。

　　當然，使用完全沒意義的分析資料並非好事，這是道德問題，而且也會引起別人的質疑。

 ## 研究五：肢體語言對瞬間判斷的影響

　　娜里妮·安貝迪（Nalini Ambady）和羅勃·羅森塔爾（Robert Rosenthal）這兩位哈佛大學研究學者，做了很特別的分析研究，藉此觀察瞬間判斷和行為之間的關係。[5]

▷實驗一

　　在第一個實驗中，安貝迪和羅森塔爾幫 13 位大學教師個別拍了三段十秒鐘的無聲影片。

　　接著他們讓受試者觀看這些影片，並請受試者針對一些特質——包括好感度、專業性、支援性和親切感——給分。兩位學者從受試者的評分算出一個綜合分數，再把這個分數拿來跟學期結束後學生對教師的評價做對照。

　　為避免受到外貌吸引力的影響，安貝迪和羅森塔爾請不同組別的受試者來為每一位講師評分。

　　另外，兩位學者也追蹤了一些特定行為，譬如開懷大笑、身體往前傾和微笑。他們要分析這些肢體語言是否會影響到評分。

　　實驗結果也十分清楚。受試者看了三支各十秒的影片之後所給的評分，跟學期末的評分幾乎相同，相關性為 0.76。

當然外表的吸引力多少會影響評分，但去除這個變數之後，相關性從 0.76 降為 0.74，影響其實非常細微。

有一些肢體語言跟講師的教學成效分數有正相關，比方說點頭、開懷大笑和微笑，而坐著教學、煩躁不安、皺眉頭和低頭等行為，則往往會拉低教學成效分數。

▷實驗二

在第二個實驗中，兩位學者把原本的十秒鐘影片，分別剪輯成五秒和兩秒的影片。

接著他們一樣請受試者根據肢體語言來評估講師的各項特質。

實驗結果顯示，即使影片變短，整體分數和評分的精準度仍跟第一個實驗一樣。也就是說，受試者看過三支只有兩秒的無聲影片之後，給講師的評分就跟期末的評分差不多。

▷實驗啟示

以上實驗指出了一個重點：人可以根據非語言行為快速又精準地下判斷。換言之，觀眾只要短短幾秒鐘就能對講者做出精準判斷。

這表示你必須特別注意你的肢體語言，尤其是簡報剛開始的時候。觀眾在頭幾秒中，甚至在簡報開始之前，就已經在做判斷了。微笑、開懷大笑和點頭等都屬於正向肢體語言，對你大有助益。

19

二十五個簡報訣竅

本書取材豐富，從各項提點到學術研究，提升各位做簡報的功力。在進行簡報的各個環節時，請務必掌握以下二十五個訣竅。

開始之前

1. 有必要才做簡報。你真的非得做簡報不可嗎？
2. 確定好你的目標之後再擬定大綱和初步頁面。

設計簡報

3. 簡報必不可少的基本要素有封面頁、目的、議程、提要報告和總結。
4. 每一頁都要有標題。
5. 標題最好用完整的句子。
6. 一頁講一個重點就好。
7. 標題之間要串連，即本頁標題會導出下一頁標題。
8. 圖表必須淺顯易懂。
9. 複雜的分析不必多，要用得精。
10. 列出資訊的來源出處。

準備簡報

11. 精修簡報，仔細檢查錯字、格式與文法。

12. 使用 Arial 這類易讀字型。

13. 再確認一次簡報中的所有數字。

14. 演練簡報給別人看。

15. 預先推銷簡報，以免有意外狀況發生！

 場地準備

16. 提早抵達簡報現場做準備。

17. 把場地打點妥當。想一想觀眾坐在哪裡、你又要站在哪裡做簡報。

18. 把電腦螢幕和同步螢幕放在你視線之外的地方。

19. 放點音樂有助於整理思緒，讓自己進入最佳狀態。

 簡報進行中

20. 眼睛看著觀眾，說故事給他們聽。

21. 別忘了你是專家，你對簡報主題的了解比觀眾多。

22. 相信你的簡報，順著流程走。

23. 解說你的分析資料，特別留意資訊的來源出處。簡報節奏別太快。

24. 解讀觀眾的反應並適時調整，視需要加快或放慢節奏。

25. 提早結束，留一些時間給觀眾發問。

致謝

在我的職業生涯當中,有幸向許多傑出的簡報講者學習,恕無法一一具名。

我人生的第一場簡報是在四健會介紹如何幫雞洗澡。四健會的領導人華特‧豪包爾(Walt Hallbauer)、蘇‧拜爾(Sue Buyer)以及派特暨喬治‧傑尼夫婦,幫助我踏上了這個旅程。他們是我人生的第一個教練,給了我許多鼓勵和建言。

我任職於卡夫食品期間,有幸與一群才華洋溢又充分支持我的人共事。塞爾吉奧‧佩雷拉(Sergio Pereira)是我在卡夫食品的第一位老闆,他不但給了我很多做簡報的機會,也傳授我不少做好簡報的祕訣。他的支持推動我在行銷與教學生涯的發展。蘇珊‧萊尼(Susan Lenny)對我期望更高。修伊‧羅伯茲(Hugh Roberts)磨練我的策略思維,專找我的邏輯漏洞,所以每次向修伊做簡報,都是一場智力挑戰。我從鮑伯‧艾克特(Bob Eckert)學到如何在眾人面前表現親切,但又同時能保有威嚴。另外,我非常榮幸能夠跟瑞克‧萊尼(Rick Lenny)、卡爾‧強森(Carl Johnson)、貝西‧豪登(Betsy Holden)和瑪莉凱‧哈本(Mary Kay Habe)這四位風格迥異又幹練的領導者共事並向他們學習。我的合作夥伴黛娜‧安德森(Dana Anderson)是 Miracle Whip 品牌代理,這位才華洋溢的女士也是一位令人讚佩的簡報高手。

我自從加入西北大學凱洛格管理學院的教學陣容之後,有幸觀摩傑出的同事授課,並從中學習。迪派克‧詹恩(Dipak Jain)

院長和莎莉・布蘭特（Sally Blount）院長堪稱模範講者，他們總是能抓住觀眾的眼球且句句切題。大衛・比桑科、維奇・麥德維克（Vicki Medvec）、莉・湯普森（Leigh Thompson）、塞爾吉奧・雷貝洛（Sergio Rebelo）、艾莉絲・泰布特（Alice Tybout）、米謝爾・彼得森（Mitchell Petersen）、弗洛里安・澤特爾梅爾（Florian Zettelmeyer）、艾瑞克・安德森（Eric Anderson）、德瑞克・洛克、克雷格・卡本特（Greg Carpenter）、麗莎・弗蒂妮-坎貝爾（Lisa Fortini-Campbell）和拉思曼・克里希納穆提（Lakshman Krishnamurthi）等教授非凡傑出，是我景仰和學習的對象。凱斯・莫尼根（Keith Murnighan）這位天才型老師讓我懂得利用課堂活動把課講得有聲有色，讓學生們用心投入。

多虧眾人鼎力相助，本書才得以誕生。我哈佛商學院的同學布蘭達・班斯和史蒂佛・羅賓森，以及我在凱洛格管理學院的同事艾力克斯・柴諾維（Alex Chernev）、卡爾特・凱司特（Carter Cast）和安德魯・札拉吉（Andrew Razeghi），在出版事宜上給了我十分受用的建議。珊娜・凱若爾、艾本・吉列特（Eben Gillette）、強納森・寇帕斯基、約翰・帕克（John Parker）和克雷格・渥特曼，也為這本書提供了詳細又寶貴的意見。強納森幫我想書名，我也向丹恩・布蘭克（Dan Blank）學到很多創意流程。我的好友兼同事茱莉・亨尼西（Julie Hennessy）、艾瑞克・雷寧格（Eric Leininger）、麥克・馬拉斯科（Mike Marasco）、羅蘭・賈寇柏（Roland Jacobs）和阿爾特・米鐸布魯克（Art Middlebrooks），還有很多親愛的朋友及同事們，幸得他們的支持、鼓勵與建言。

　　本書製作過程順利，都要感謝編輯艾琳‧帕克（Erin Parker）和安琪拉‧鄧可（Angela Denk）和 Page Two Strategies 團隊的大力協助，尤其是該團隊的崔娜‧懷特（Trena White）和嘉柏麗‧納斯提（Gabrielle Narsted）。

　　另外我要特別感謝我的學生。多虧他們每天在課堂上挑戰我、啟發我，也有不少學生對我這本書給了許多寶貴意見。更重要的是，這些學生幫我發掘了寫這樣一本書的契機。

　　最後我要感謝我的太太凱羅‧薩爾頓（Carol Saltoun）和三個寶貝兒女克萊兒（Claire）、查理（Charlie）和安娜（Anna），謝謝他們讓我的生命更精采、得到更多回報和充滿歡樂。

注釋

第 1 章：如何幫雞洗澡
1. 我估計自商學院畢業以來，已進行 5,264 場簡報。
計算如下：
在卡夫食品工作 11 年，一週兩場簡報 = 1,144
擔任兼任教授四年，每年兩門課程，一門課程 20 節課 = 160
在凱洛格管理學院 15 年，每年八門課程，一門課程 20 節課 = 2,400
在凱洛格管理學院 15 年，每週兩次高級管理人員課程 = 1,560

第 2 章：本書立意
1. Chris Anderson, *TED Talks* (Boston: Houghton Mifflin Harcourt, 2016), 8.

第 3 章：慎選時機
1. Eric Jackson, "Sun Tzu's 31 Best Pieces of Leadership Advice," *Forbes*, May 23, 2014 (forbes.com/sites/ericjackson/2014/05/23/sun-tzus-33-best-pieces-of-leadership-advice/#6222694d5e5e).

第 4 章：掌握簡報的目的
1. Lewis Carroll, *Alice in Wonderland* (USA: Empire Books), 43.
2. Jerry Weissman, *Presenting to Win* (Upper Saddle River, NJ: Prentice Hall), 2003, 8.
3. Peggy Noonan, "Make Inaugurals Dignified Again," *Wall Street Journal*, January 5, 2017.
4. Quoted in James Humes, *Speak Like Churchill, Stand Like Lincoln* (Roseville, CA: Prima Publishing, 2002), 27.

第 5 章：了解聽眾屬性
1. Quoted in Natalie Canavor, *Business Writing in the Digital Age* (Los Angeles: Sage Publications, 2012), 25.
2. Peter Drucker, "Managing Oneself," *Harvard Business Review*, January 2005, 103.

3. Quoted in Ed Crooks, "GE' s Immelt: 'Every Job Looks Easy When You' re Not the One Doing It,' " *Financial Times*, June 12, 2017 (ft.com/content/17ee8244-4fb9-11e7-a1f2-db19572361bb).

4. Tony Robbins, "Robbins' Rules: How to Give a Presentation," *Fortune*, November 17, 2014.

5. Quoted in Sam Leith, "Bright Spots, Post-It Notes and the Perfect Speech," Financial Times, March 1, 2016.

6. Steven Pinker, *The Sense of Style* (New York: Penguin Books, 2014), 62.

第 6 章：簡報五大要素

1. Scott Berkun, *Confessions of a Public Speaker* (Cambridge: O' Reilly, 2010), 61.

2. Anderson, *TED Talks*, 33.

3. Pinker, *Sense of Style*, 38.

4. Berkun, *Confessions of a Public Speaker*, 61.

第 7 章：挖掘故事

1. Quoted in Nick Werden, "Language: Churchill's Key to Leadership," *Harvard Management Communication Newsletter*, June 2002.

2. Carmine Gallo, *The Presentation Secrets of Steve Jobs* (New York: McGraw Hill, 2010), 1.

3. Daniel Kahneman, *Thinking, Fast and Slow* (New York: Farrar, Straus and Giroux, 2011), 60.

4. Sam Leith, "Churchillian Flourishes That Can Structure a Speech Today," *Financial Times*, November 24, 2015.

5. Anderson, *TED Talks*, 64.

6. Nancy Duarte, "The Secret Structure of Great Talks," TEDxEast, November 2011 (ted.com/talks/nancy_duarte_the_secret_structure_of_great_talks#t-1075501).

7. Duarte, "Secret Structure of Great Talks."

8. Robert McKee, "Storytelling That Moves People," *Harvard Business Review*, June 2003, 52.

9. Quoted in Pinker, *Sense of Style*, 27.

10. Geoffrey James, *Business Without the Bullshit* (New York: Grand Central Publishing, 2014), 151.

11. Cary Lemkowitz, *An Audience of Cowards* (Bloomington, IN: Author House, 2005), 94.

12. Gallo, *Presentation Secrets of Steve Jobs*, 13.

13. Pinker, *Sense of Style*, 144.

14. Barbara Minto, *The Pyramid Principle* (London: Prentice Hall, 2002), 42.

15. Stever Robbins, *Get-It-Done Guy's 9 Steps to Work Less and Do More* (New York: St. Martin's Griffin, 2010), 95.

16. Jack Welch, *Jack: Straight from the Gut* (New York: Business Plus, 2001), 396.

17. Bob Rehak, *96 Proven Principles of Marketing Communications* (Kingwood, TX: Rehak Creative Services, 2015), 69.

第 8 章：設計簡潔頁面

1. Canavor, *Business Writing in the Digital Age*, 175.

2. Humes, *Speak Like Churchill*, 159.

3. Humes, *Speak Like Churchill*, 160.

4. Sam Leith, "The Pedants Are Wrong—And More Tips for Clear and Effective Writing," *Financial Times*, October 16, 2017.

5. Anderson, *TED Talks*, 36.

6. Eli Lilly and Company submission to the US Food and Drug Administration, August 10, 2004, 15 (fda.gov/ohrms/dockets/dailys/04/aug04/082404/04d-0042-c00034-vol3.pdf).

7. Rehak, *96 Proven Principles*, 69.

8. Gallo, *Presentation Secrets of Steve Jobs*, 88.

9. PepsiCo, "PepsiCo: Frito-Lay North America" (presentation to Consumer Analyst Group of New York, February 21, 2018) (pepsico.com/docs/album/investor/2018_webdeck_final_cagny_gxf9xvfs37bhtpeq.pdf).

10. Gifford Booth, letter to the editor, *Harvard Business Review*, September 2013.

11. James, *Business Without the Bullshit*, 170.

12. Leo Burnett, *100 Leo's: Wit and Wisdom from Leo Burnett* (Lincolnwood, IL: NTC Business Books, 1995), 73.

13. Rehak, *96 Proven Principles*, 132.

14. Gallo, *Presentation Secrets of Steve Jobs*, 84.

15. Leith, "Pedants Are Wrong."

16. Pinker, *Sense of Style*, 9.

17. Pinker, *Sense of Style*, 116 and 121.

第 9 章：善用有力的數據資料

1. Ricardo Marques (presentation, Kellogg School of Management, Northwestern University, March 3, 2017).

2. Bernardo Hees (presentation, Kellogg School of Management, Northwestern University, October 10, 2016).

3. Burnett, *Wit and Wisdom*, 50.

4. Anderson, *TED Talks*, 13.

5. Craig Wortmann, *What's Your Story?* (Evanston, IL: Sales Engine, 2012), 58.

6. Wortmann, *What's Your Story?* 39.

7. Kahneman, *Thinking, Fast and Slow*, 63.

8. Hees (presentation).

第 11 章：準備與演練

1. Gallo, *Presentation Secrets of Steve Jobs*, 179.

2. Weissman, *Presenting to Win*, 190.

3. Brenda Bence, *How You Are Like Shampoo* (Las Vegas, NV: Global Insight Communications, 2008), 170.

4. Gallo, *Presentation Secrets of Steve Jobs*, 194.

5. Quoted in HBO video, "Warren Buffett Praises Dale Carnegie Training," February 9, 2017 (youtube.com/watch?v=ucD7fVZ7W3k).

6. James M. Kilts, *Doing What Matters* (New York: Crown Business, 2007), 77.

第 12 章：場地的準備

1. Lucy Kellaway, "My Tips for Overcoming a Fear of Public

Speaking," *Financial Times*, November 6, 2016.

2. Lemkowitz, *Audience of Cowards*, 65.

3. Anderson, *TED Talks*, 194.

第 13 章；自信做簡報

1. Kellaway, "How to Land on Your Feet When Speaking in Public," Listen to Lucy, *Financial Times*, November 28, 2009 (ft.com/content/966d1d74-1d1a-40db-a797-a76076a8ec4f).

2. Quoted in "The Columnists," *WSJ Magazine*, February 26, 2016.

3. Kellaway, "How to Land on Your Feet."

4. Berkun, *Confessions of a Public Speaker*, 14.

5. Lemkowitz, *Audience of Cowards*, 29.

6. Lucy Kellaway, "My Speech Was a Car Crash Because I Am Too Confident," *Financial Times*, April 24, 2017.

7. Berkun, *Confessions of a Public Speaker*, 18.

8. Kelly McGonigal, "How to Make Stress Your Friend," TEDGlobal 2013 (ted.com/talks/kelly_mcgonigal_how_to_make_stress_your_friend#t-723551).

9. Dennis Hsu, Li Huang, Loran Nordgren, Derek Rucker and Adam Galinsky, "The Music of Power: Perceptual and Behavioral Consequences of Powerful Music," *Social Psychological and Personality Science 6*, no. 1 (2015): 75–83.

10. Alison Beard, "Life's Work: An Interview with Penn Jillette," *Harvard Business Review*, October 2016, 128.

11. Kahneman, *Thinking, Fast and Slow*, 4.

12. Bence, *How You Are Like Shampoo*, 187.

13. Humes, *Speak Like Churchill*, 15.

14. Anderson, *TED Talks*, 50.

15. Lemkowitz, *Audience of Cowards*, 51 and 58.

第 14 章：精心策劃問答

1. Welch, *Jack: Straight from the Gut*, 384.

第 16 章：TED 演講和賈伯斯
1. Gallo, *Presentation Secrets of Steve Jobs*, 3.

第 17 章：簡報的常見問題
1. Weissman, *Presenting to Win*, 111.
2. James, *Business Without the Bullshit*, 171.

第 18 章：五項值得關注的研究
1. Daniel Oppenheimer, "Consequences of Erudite Vernacular Utilized Irrespective of Necessity: Problems with Using Long Words Needlessly," *Applied Cognitive Psychology 20* (2005): 139–56.
2. Sheena Iyengar and Mark Lepper, "When Choice Is Demotivating: Can One Desire Too Much of a Good Thing?" *Journal of Personality and Social Psychology 79*, no. 6 (2000): 995–1006.
3. Hyunjin Song and Norbert Schwarz, "If It's Hard to Read, It's Hard to Do," *Psychological Science 19*, no. 10 (2008): 986–88.
4. Kimmo Eriksson, "The Nonsense Math Effect," *Judgement and Decision Making 7*, no. 6 (2012): 746–49.
5. Nalini Ambady and Robert Rosenthal, "Half a Minute: Predicting Teacher Evaluations from Thin Slices of Nonverbal Behavior and Physical Attractiveness," *Journal of Personality and Social Psychology 64*, no. 3 (1993): 431–41.

實用知識 64

如何幫雞洗澡
幫商業簡報脫胎換骨，個人品牌再升級，提升職場影響力
How to Wash a Chicken: Mastering the Business Presentation

作　　者：提姆‧寇金茲（Tim Calkins）
譯　　者：溫力秦
資深編輯：劉瑋
校　　對：劉瑋、林佳慧
封面設計：木木 lin
美術設計：蔡欣潔
寶鼎行銷顧問：劉邦寧

發 行 人：洪祺祥
副總經理：洪偉傑
副總編輯：林佳慧
法律顧問：建大法律事務所
財務顧問：高威會計師事務所
出　　版：日月文化出版股份有限公司
製　　作：寶鼎出版
地　　址：台北市信義路三段 151 號 8 樓
電　　話：(02)2708-5509　傳真：(02)2708-6157
客服信箱：service@heliopolis.com.tw
網　　址：www.heliopolis.com.tw
郵撥帳號：19716071 日月文化出版股份有限公司

總 經 銷：聯合發行股份有限公司
電　　話：(02)2917-8022　傳真：(02)2915-7212
製版印刷：禾耕彩色印刷事業股份有限公司
初　　版：2020 年 2 月
定　　價：380 元
ISBN：978-986-248-855-3

國家圖書館出版品預行編目資料

如何幫雞洗澡：幫商業簡報脫胎換骨，個人品牌再升級，提升
職場影響力／提姆‧寇金茲（Tim Calkins）著；溫力秦譯 . --
臺北市：日月文化，2020.02
320 面；14.7×21 公分 . –（實用知識；64）
譯自：How to Wash a Chicken: Mastering the Business
Presentation

ISBN 978-986-248-855-3（平裝）

1. 簡報　2. 商務傳播

494.6　　　　　　　　　　　　　　　108020661

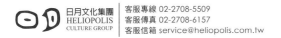

日月文化集團
HELIOPOLIS
CULTURE GROUP

感謝您購買

如何幫雞洗澡：
幫商業簡報脫胎換骨，個人品牌再升級，提升職場影響力

為提供完整服務與快速資訊，請詳細填寫以下資料，傳真至02-2708-6157或免貼郵票寄回，我們將不定期提供您最新資訊及最新優惠。

1. 姓名：＿＿＿＿＿＿＿＿＿＿＿　性別：□男　　□女

2. 生日：＿＿＿＿年＿＿＿月＿＿＿日　職業：＿＿＿＿＿

3. 電話：（請務必填寫一種聯絡方式）

　　（日）＿＿＿＿＿＿＿（夜）＿＿＿＿＿＿＿（手機）＿＿＿＿＿

4. 地址：□□□＿＿＿＿＿＿＿＿＿＿＿＿＿＿＿＿＿

5. 電子信箱：＿＿＿＿＿＿＿＿＿＿＿＿＿＿＿＿＿

6. 您從何處購買此書？□＿＿＿＿＿＿縣/市＿＿＿＿＿＿書店/量販超商

　　□＿＿＿＿＿＿網路書店　□書展　□郵購　□其他

7. 您何時購買此書？　　年　　月　　日

8. 您購買此書的原因：（可複選）
　　□對書的主題有興趣　　□作者　□出版社　□工作所需　　□生活所需
　　□資訊豐富　　　□價格合理（若不合理，您覺得合理價格應為＿＿＿＿＿）
　　□封面/版面編排　□其他＿＿＿＿＿＿＿＿＿＿＿＿＿

9. 您從何處得知這本書的消息：　□書店　□網路／電子報　□量販超商　□報紙
　　□雜誌　□廣播　□電視　□他人推薦　□其他

10. 您對本書的評價：（1.非常滿意 2.滿意 3.普通 4.不滿意 5.非常不滿意）
　　書名＿＿＿　內容＿＿＿　封面設計＿＿＿　版面編排＿＿＿　文/譯筆＿＿＿

11. 您通常以何種方式購書？□書店　　□網路　□傳真訂購　□郵政劃撥　　□其他

12. 您最喜歡在何處買書？
　　□＿＿＿＿＿＿縣/市＿＿＿＿＿＿書店/量販超商　□網路書店

13. 您希望我們未來出版何種主題的書？＿＿＿＿＿＿＿＿＿＿＿＿＿

14. 您認為本書還須改進的地方？提供我們的建議？

＿＿＿＿＿＿＿＿＿＿＿＿＿＿＿＿＿＿＿＿＿＿＿＿＿

＿＿＿＿＿＿＿＿＿＿＿＿＿＿＿＿＿＿＿＿＿＿＿＿＿

＿＿＿＿＿＿＿＿＿＿＿＿＿＿＿＿＿＿＿＿＿＿＿＿＿

＿＿＿＿＿＿＿＿＿＿＿＿＿＿＿＿＿＿＿＿＿＿＿＿＿

預約實用知識，延伸出版價值

預約實用知識，延伸出版價值